诗人与数学家

Poet and Mathematician

杨建成 吕烈 杨必成——著

哈爾濱工業大學出版社
HARBIN INSTITUTE OF TECHNOLOGY PRESS

内容简介

本书围绕诗人吕烈赠予数学家杨必成教授的48首诗词展开陈述。第一章作为引言，载入杨必成悼念吕烈的一篇短文，追述他与诗人吕烈的友谊交往，谈及从1999到2023年吕烈赠送给杨必成48首诗词的往事；第二章，按时序载入吕烈写给杨必成的48首古典诗词；第三章，吕烈学友、杨必成胞弟杨建成饱含激情，对吕烈的26首诗词的写作花絮及内容意义做了细致评述；第四章，杨建成对吕烈的生活点滴做了介绍及评述；第五章，杨必成介绍自己的数学追梦历程，讴歌改革开放对自己科研事业的意义。

本书紧靠“诗人与数学家交往”这一主题，介绍了一种独特的文理相通的数学文化。各章的内容相对独立且又互相联系，题材及布局新颖。本书相关章节这几年陆续见诸网络，可读性较强，网评踊跃且良好。

图书在版编目(CIP)数据

诗人与数学家/杨建成，吕烈，杨必成著.—哈尔滨：哈尔滨工业大学出版社，2025.6.—ISBN 978-7-5767-2229-1

Ⅰ.I227

中国国家版本馆CIP数据核字第2025NL4815号

SHIREN YU SHUXUEJIA

策划编辑　刘培杰　张永芹
责任编辑　李广鑫
封面设计　孙茵艾
出版发行　哈尔滨工业大学出版社
社　　址　哈尔滨市南岗区复华四道街10号　邮编150006
传　　真　0451-86414749
网　　址　http://hitpress.hit.edu.cn
印　　刷　哈尔滨圣铂印刷有限公司
开　　本　720 mm×1 000 mm　1/16　印张9　插页2　字数109千字
版　　次　2025年6月第1版　2025年6月第1次印刷
书　　号　ISBN 978-7-5767-2229-1
定　　价　88.00元

讀「楊必誠、勞動節特別報道」

大石調、雁過南樓　呂烈撰

一斤斧、劈開混沌，需耗費幾多磨礪與辛勤。希爾設猜想、來者憑翼翱。參破須智慧，論證以穩。日忘餐、夜無寐，一關攻破幾興奮。回首望，論著疊疊入雲霄。

歲在甲辰仲秋　陳誠敬書

当年若谈沫相濡
今日贺君衔九秩
廿载精研成大器
九章游算辟新途
为人坦荡宽而厚
治学辛勤留若愚
且趁春光多拼搏
深藏学海探骊珠

子程先生诗、贺杨世成教授、孙清敬书

目　　录

第一章　我与吕烈的友谊

杨必成

2023年6月23日，我的高中同窗好友吕烈医师因病逝世，享年76岁。噩耗传来，我悲伤不已，赶忙从广州奔回汕尾。在6月27日上午的追思会上，殡仪馆外雷雨交加，灵堂庄严肃穆，我代表汕尾中学老三届学友沉痛宣读了祭文，送好友最后一程。

我与吕烈相识于1964年春，当时他离开海丰彭湃中学转学回汕尾中学插班，我们俩在高一同一个班学习。我们的家都离学校较远，经申请，晚自修可不必到校学习。他家离我家很近，两家父母都是中小学教师，因我的家庭人口多，且住得窄，学习环境较差，经双方家长商量，每天晚饭后，我就到他家与他一起晚自修学习。一直到1966年6月，我们都一起学习，写作业，交流学习心得。吕烈天资聪颖，重视文科，可我却是笨鸟先飞，偏重理科，两人在班上的成绩算是数一数二的。记得读高三第一学期时，吕烈不知从哪里弄来一本题名叫《试题汇集》的书，是苏联历届高考的数学试题集的中译本，附有简单答案。我如获至宝，就从第一题试着做起来了，他也在做。有时，我们对解法有不同意见，偶有争论，但很快就达成共识了。他学习兴趣面较宽，印象中没那么拼命用心地做数学题；而我却相反，总觉得没做完这些题就会考不上大学似的。由于我想报读北京大学数学专业，故我勤于做数学题。我还细读了数学家华罗庚等组织编写的一套数学科普书（12本），并尝试做里面的练习题，这套书是我大哥从北京买来的。这样下来，慢慢地我对数学的学习兴趣越来越浓了。毕业前，我终于把《试题汇集》的全部习题做完了，我们俩都完成了复习。可离高考没多少天，“文化大革命”开始了。

“文化大革命”开始不久，吕烈就当了“逍遥派”；而我却年轻气盛，莽莽撞撞，落得个遍体鳞伤，头部也遭棒击，尔后患上头痛的顽疾。1967年底，我因脑痛频频发作而到广州求医，后又到肇庆大姐家休息疗养。其间，家乡通知要我回去接受审查，大姐担心我不回去会影响在军分区工作的大姐夫，考虑再三，我就写信给吕烈，表示要回家乡接受考验。吕烈看信后立即回信，力劝我千万不能回汕尾，大姐夫也劝我别回去了。就这样，我得以继续休息疗养。

1968年12月，我响应号召下乡务农，历尽磨难。1971年，我在田野劳作时受到雷击，险些丧命。1975年底，我才被分配回汕尾凤山第二小学当民办教师（高考前转凤山中学）。其时吕烈因母亲退休后不能自理，况兼家庭出身较好（烈属），故未曾下乡。他在街道工厂当了个业务员，我们常一起聚会，又重建了联系。吕烈母亲因眼疾等病卧床不起，他一边工作，一边学习诗词格律，也自学中医，当起了母亲的临床医生。而我因在农村自学了《高等数学》，就一心一意地教起中小学生的初等数学来了。

1977年高考，我的数学成绩得满分（200分），我们俩都幸运地考上了大学本科，他就读广州中医学院（现为广州中医药大学），我考上华南师范学院（现为华南师范大学）读数学专业。大学毕业前，我们曾有一次聚会长谈，我劝他争取机会留在广州发展，以后当个医学专家，而他却摇摇头表示，因家中有妻儿老小没人照顾，他必须回去汕尾尽孝尽责，我表示理解。这样，1982 年毕业不久我们俩就分别了，他回汕尾当了医生，而我留在广州高校任教，专注数学领域的教学与科研。

在大学期间，我努力做完了吉米多维奇（Demidovich）《数学分析习题集》的 4 000 多道习题，主攻分析学。毕业后，我被分配到广东教育学院数学系任助教。1984 年，我考入华南师范大学“助教进修班”，脱产学习基础数学硕士生课程。一年半后，1986 年春结业时，我在华南师范大学导师的指导帮助下，终于发表了第一篇数学论文。1994 年春，我头疼病奇迹般痊愈，也许是老天眷顾，我终于挣脱脑疾折磨，脑力似茅塞顿开，灵感演绎可谓突飞猛进！我开始钻研希尔伯特不等式难题。1998 年，52 岁的我终于晋升为数学教授，隔年，我担任了学院数学系主任。

1999 年 2 月，在我获升教授后，回乡探亲访友，吕烈写了一首律诗祝贺我。2002 年 10 月 20 日，在母校汕尾中学校庆日，我应邀做了题为《数学的学习与探究》的专题报告，老同学吕烈也作为听众到会。为鼓励我继续攻关，他赋诗一首《杨必成教授数学报告会》赠我，赞我“必成大器已登堂”，使我备受鼓舞！2005 年，为配合《汕尾日报》对我的采访报道，他写了《逐浪行》叙事长诗给我，发表在《汕尾日报》上，热情赞扬我的数学奋斗精神及科研业绩。在此后漫长的 25 年里，他不遗余力地写了 48 首诗词曲赋给我，鞭策我努力前进。最后一首是 2023 年五一赋诗，题为：《大石调 · 雁过南楼——读“杨必成 · 劳动节特别报道”》，是他抱病写完发微信给我的。此前他还在电话中对我说，为避免头脑痴呆，他不得不写些诗以打发日子。没想到，一个月后他就与世长辞了，实为可叹！

吕烈在我奋斗攻关的各个时期写诗词赠我、夸我、赞我，实是催我奋进,鞭策我克服困难、勇攀数学研究高峰。为了此执愿,他确是呕心沥血,煞费苦心,竭尽同窗及知己之情谊！如今,斯人已逝,为纪念他,我把他赠我的48首诗词编印成册,公开发表,以告慰挚友在天之灵。我四弟建成还写了26则诗评,追忆他与我的友谊。

送别了挚友,我还得坚强地活下去,在数学科研的道路上,寂寞前行!

第二章　赠杨必成诗词48首

吕　　烈

1. 七律·赠杨必成教授(1999年2月)

当年苦读沫相濡,今日贺君冲九衢。
廿载精研成大器,九章衍算辟新途。
为人坦荡宽而厚,治学辛勤智若愚。
且趁春光多拼搏,深潜学海探骊珠。

注:该诗收录于吕烈诗集《医余集噫》第8页。

2. 杨必成教授数学报告会(2002年10月20日)

股四勾三穷九九,必成大器已登堂。
吐谈启智声声掌,妙语催花阵阵扬。
士别三天当刮目,君言一席合倾觞。
中医数码如能化,也送岐黄到九章。

3. 再赋前题赠杨必成教授(一)(2002年10月26日)

荣誉得来非造化,几经拼搏始登场。
磨穿板凳廿年冷,占有春园一帜扬。
今日还乡须著锦,他年晋士更传觞。
我今坐待好消息,再为骄杨献俚章。

4. 再赋前题赠杨必成教授(二)(2002年10月26日)

韬晦何曾甘寂寞,男儿大志立于堂。
下乡知识穷颠扑,大学天资得发扬。
力向高山开捷径,更从曲水泛流觞。
喜看心血成甘果,撼世科研已百章。

5. 谢杨必成教授赠《数学论文纪念册》,读后书于封面(2003年11月5日)

天书欺我眼朦胧,精髓未明心已通。
菊放东篱宜赏骨,兰滋九畹喜黛风。
未攀怎识庐山贵,不拼焉知热血浓。
此是云程初发轫,鲲鹏万里必凌空。

注:上二诗收录入吕烈诗集《医余集噫》第71页、72页。

附:读吕烈诗次韵奉和前题(林少仲,2003年11月15日):

信是恒心雷不动,始通微妙入华堂。
花香过海名先著,果硕数坛誉更扬。

一席春风传玉匙，成班老友祝金觞。
来年相约黄昏后，再读先生妙手章。

6. 七律·赠杨必成教授(2006 年 8 月，于汕尾海珍酒家)

山珍那及友情浓，踏拍歌随昔士风。
捧腹当年曾面赤，吹牛此刻籍酡红。
仕途误在人缘薄，家境还从梦里丰。
多少心酸磨旧事，如今都付笑谈中。

7. 逐浪行(乐府长诗)(2005 年 7 月 22 日)

——欣闻学友杨必成教授将于 8 月中旬赴欧洲参加“第二届应用数学国际会议”并应邀做学术报告，有感而赋：

红湾浩瀚接空蒙，孕育鲲鹏搏大风，
上接沧溟波浪卷，扶摇天际骇鱼龙。
波涛万里有长滩，刺向汪洋止凤山，
山麓杨门书苑第，钟灵屡屡出其间。
弘农儿女尽聪明[1]，佼佼男儿数必成，
过目芸编便成诵，寻根究底诘先生。
忽然恶雾压晨曦，花绽偏逢妒艳时，
搅起乌龙沙射影，可怜父母陷藩篱[2]。
如何正负颠颠倒，公式哪条能解疑？
城里不容闲散汉，举家辗转徙荒畿[3]。
万山过后一塘村，虎豹愁攀鹤断魂，
朝蔽岚烟深夜瘴，几人到此不沉沦？

为谋果腹日奔忙，偏爱孤灯读九章，
自信生才应有用，乌云过后必朝阳。
豪情不信邪难散，咬定决心自主张，
任是流言如火烫，等闲白眼历雷伤[4]。
天将大任降斯人，劳乃形骸炼乃心，
吃尽人生苦中苦，两肩日后压千钧。
神州久旱起风云，十月天雷荡妖氛，
大学重开优异试，单科数学二百分。
华南师院大门开，大衍微分育彦才，
刀快原由磨砺出，天高更有摘星材。
张家有女玉亭亭，人品端庄秋水盈，
为感檀郎金石志，不图财帛爱书生。
爱情种播两心间，一曲相思万丈澜，
逐浪心逢甘露溉，风高水急敢扬帆。
茫茫学海水深深，诸子争捞定海针，
欲把金针寻到手，全凭毅力定浮沉。
杨君不惧战波涛，破解难题不折挠，
不等式中多乐趣，潜身瀚海捉鲸鳌。
廿年辛苦岂徒劳，中外稿投累试刀，
一举文章惊海内，偷偷鬓角已双毛[5]。
茅庐一出遂初衷，前路焉能固步封，
破浪越洋凭较劲，权威无畏敢争锋。
心恒铁板可磨穿，不等攻关首执鞭，
参量摧开自由路，论文汩汩又源源[6]。
学科国际聚精英，特定应邀到北京，
排难切磋偕钜子，大师唧唧励雄鹰[7]。

雄心报国振科研，著述震惊美利坚，
荣誉金牌传敬意，中华沃土有奇贤[8]。
文惊纸贵卷西欧，德国数坛选上筹，
评论诚邀为特约，西方竖拇许神州[9]。
南溟学界有期刊，取舍凭君作把关，
数学澳洲真识货，深知此辈非等闲[10]。
宇寰飞跃日千秋，华夏争先创一流，
国策如今重科技，高科产业赖龙头。
今届年会起龙骧，遴选主持挑大梁，
若不工夫能倒海，致辞那得掌声飏[11]。
君不见全球发展正兴隆，滴滴新科粟万钟，
钻石黄金犹有价，无形资产价无穷。
为兴华夏作春蚕，创办高科研讨班，
学术传承薪火继，定教领域百花繁[12]。
志存高远大鹏飞，昂首冲腾向翠薇，
敏敏勤勤长不息，勇于瀚海探幽微[13]。
何须玉食酒肠宽？教授生涯苜蓿欢，
若以精神倾入海，大潮涨爆广州湾。
闻君不顾满头霜，要带新章闯远洋。
我祝东风多发力，送君逐浪启新航。

注：①弘农，杨氏族号。

②父杨耿仪、母郑芸早期参加革命。“文化大革命”时期被打成“叛徒”。1979 年平反，父落实处级待遇。

③当时杨家二老与一群仍是中小学生的孩子，被当作“闲散劳力”遣送公平下乡。

④杨必成在农村挑粮时遭雷击，且生产队长遭雷殛，杨被送往县医院抢救。

⑤双毛，即二毛，指黑白相间的头发。东坡诗《过惶恐滩》“七千里外二毛人”。

⑥杨必成于1998年首倡参量化方法，科研从偶然到必然而进入自由。论文发表已过百篇。

⑦2002年，杨必成应邀参加北京国际数学家大会。

⑧2001年，杨必成获“美国传记研究中心”颁发的“美国荣誉金牌”。

⑨2001年杨必成被欧洲数学会聘为德国《数学文摘》评论员。

⑩2005年，杨必成获澳大利亚《纯粹数学与应用数学不等式》杂志编委。

⑪2005年7月，杨必成成功主持“第三届全国不等式学术年会”。

⑫2005年开始，杨必成主持不等式讨论班。

⑬杨必成的座右铭是：志存高远，脚踏实地，勤敏治学，执于探微。

注：该长诗曾刊载于《汕尾日报》(2005年12月15日)。

8. 和翁更生诗赠杨必成(2005年11月1日)

数坛不尚假文章，不拼焉能上殿堂。
箭挽弓弦知待发，兰居嶰谷必成芳。
春江不等最佳式，大道风行遍五洋。
凌厉由来凭后劲，宝刀熠熠铸辉煌。

注:此诗刊登于吕烈诗词集《医余集噫》第 112 页,诗名“赠杨必成”,时间标为 2005 年 5 月 5 日。其叙事背景为 2005 年 5 月 4 日晚,高中老同学们在汕尾海珍酒楼聚晚餐点餐期间,吕烈向酒店服务员讨了一空白点餐纸,即席为杨必成填了二首七律诗。上诗的原稿是:

数坛不尚假文章,不拼无缘上殿堂。
厚积精华知待发,多储灵气必成芳。
探幽不等最佳式,立志无涯数道场。
凌历由来说后劲,宝刀更可铸辉煌。

至 2005 年 11 月,同学翁更生看了刊登在《汕尾日报》的对数学家杨必成的全篇报道《在数学王国里自由探秘》后,写了一首诗并拿给吕烈学兄看,吕烈看后就将其之前 5 月在海珍酒楼所写的诗进行修改,并将诗名改为《和翁更生诗赠杨必成》。

附:翁更生原玉——读《在数学王国里自由探秘》感赋(2005 年 10 月 30 日)

志存高远必成才,一击重霄名贯雷。
不历坎坷非铁汉,能经挫折是良材。
科研著述标巨帜,数论文章上竣台。
品德精神滋后学,故园特酿敬君开。

9. 读《杨必成高中毕业四十周年纪念册》(2006 年 6 月)

漫卷思愁看逝水,英雄无用叹乌骓。
身居三届今真老,鼻碰千钉早已灰。
难适阴晴天谲幻,至行坎坷路迂回。
弄人毋怨东风恶,只笑生涯总触雷。

注:2006 年 6 月,杨必成回汕,带回来了“广东教育学院数学系不等式讨论班”编辑的《杨必成高中毕业四十年纪念册》。纪念册虽粗糙,相片都有些灰暗,但内容丰富,送给吕烈及老同学们,烈兄阅后才写了上诗,并收录入《医余集噫》第 136 页。

10. 水调歌头·中学毕业四十年同学相聚宴会即席(2006 年 8 月 6 日)

六十倏时至。岁月太匆匆。当年豪气消失未?问座上英雄。

记否青春花季,一夜狂风骤起,花落玉枝空。壮志付流水,身世若漂蓬。

闯江海,挨白眼,盼东风。人生苦短,偏遇荆棘路重重。

历尽凄凉百景,看破浮华幻影,更觉友情浓。今日同欢聚,一醉笑秋枫。

注:该词刊于《传世名作大词典》,录入《医余集噫》132 ~ 133 页。

11. 重读吕嘉先生《送杨必成君上大学》依韵赋赠杨必成（2006年5月）

当日耆英赋大风，为资瑁励语豪雄。
卅年逆溯龙舟水，此刻先登泰岳峰。
汗雨催开千里绿，思维独树一旗红。
今日喜见蒸霞朗，告慰却难寻吕翁。

附：吕嘉原玉（1978年1月）（登载于《海丰历代诗词选》，2001年1月）

欣逢盛世起英雄，物应其时各奏功。
勋业待人才干备，高飞凭鸟羽毛丰。
韶华易逝行应惜，科学难能关可攻，
心要虚兮身要健，尖端有志自登峰。

12. 必成兄自美利坚返，枉顾寒庐（2008年10月5日）

一

夜半敲门惊骇客，风尘未扫话开匣。
我挨大棒怕权威，尔著小鞋遭大阀。
互笑云程枳棘多，相期学海兰舟发。
闻君新酿绿醅醪，香透重霄封不煞。

二

腾飞无谓只依风，我有雄心上九重。
莫按葫芦剽古板，当场羽翼搏霓虹。

名流点拨嗤之鼻，道学闲言白与瞳。
成败岂由相授受，锲而不舍为初衷。

三

霸王怎肯过江东，睨视流派不苟同。
鼠学无非依腐朽，凤栖岂必定梧桐。
只能俯首难称杰，未识横眉可是雄？
敢向权威斜白眼，胸储自有玉玲珑。

13. 摸鱼儿·读《追梦数学之旅》赠杨必成先生（2010 年 9 月 22 日）

忆当年，疾风横扫，青春抛作残絮。世人都说深山好，争奈把春耽误。

留不住，只能走。一川迷惘无头路。志存高远。

见倔强杨君，直追奋起，宵旰听鸡舞。

时光转，盼到东方欲曙。

多年沉积今吐。棘园草就惊天赋。赢得掌声无数。

擒猛虎，敢争拼，喜君乘胜三通鼓。鸿篇如注，算道说生成，休提侥幸，是历尽辛苦。

14. 七绝·忆中学与杨必成相砺（2011 年 1 月 5 日）

人有奇情志亦殊，敢从无处觅通衢。
才高不囿寻常论，要读天方异趣书。

15. 赠杨必成诗，步韵和叶良方（2011 年 8 月 8 日）

谗峰太密九皋稀，逝水东流忆旧时。
立志何愁云路远，是桐定引凤凰栖。
扶摇今已凌千里，酩酊也来饮一卮。
冰雪如今融殆尽，棘园伫看绿依依。

附一：叶良方原玉，为《重逢杨必成教授·丙寅年秋》。忽然接到相别 30 年的汕尾老棋友杨必成教授的电话，邀我到鹿境西闸丽江酒家聚会。当年所谓出身不好被监督下乡的必成兄，是高考恢复后以 30 多岁“高龄”获得全省数学成绩第一名的考生。而今是广东第二师范学院应用数学研究所所长，全国不等式研究会理事长。他在可和性理论、不等式理论及算子理论方面取得重大成果，是希尔伯特型不等式理论专家。席上，他将在阿联酋出版的英文数学专著《希尔伯特积分不等式》签名赠我。遥忆往事，心潮起伏，即吟诗一首记之

岁华如水忆依稀，握手丽江话昔时。
万点霓灯渔浦静，一轮蟾魄鹿山栖。
新论玄奥愧凡眼，旧雨难忘倾酒卮。
明日天涯人事隔，相逢何处惜依依。

附二：和韵叶老师赠杨必成教授（曾祥凯　惠州）

当年弈友记依稀，鹿境相逢话昔时。

岁月峥嵘颜已老，天涯漂泊梦难栖。
凉亭共剪西窗烛，盛宴频传腊酒卮。
他日前程千万里，梓乡我辈道依依。

16. 赠必成诗，步韵和叶良方（2011 年 8 月 8 日）

烧土犁荒硬上弓，当时立志岂朦胧。
力从绝境开新象，面对狂澜啸大风。
廿载精勤凭毅力，千秋正气贮心胸。
登峰记取迂回折，回首征程看鸿踪。

注：该诗原录入《嘤鸣诗词唱酬集》第 109 页，末尾两句为

攀登何惧盘旋险，要入老林寻虎踪。

附：叶良方原玉，为《杨必成教授邀饮西闸新桥酒家》（2011 年 8 月 4 日）。

丁卯年 8 月 4 日，必成兄乘归乡讲学之余暇，嘱其弟杨建成开车接我往鹿境西闸晚宴，仍于去年酒家草铺凉亭畅叙。到席者有其兄北京大学教授杨必胜，汕尾中学同窗中医师李卓杰，海丰县教育局原局长吕通，海丰县志办主任蔡忠诸人，席上，必成兄将在阿联酋出版的第三本英文专著《离散的希尔伯特型不等式》签名赠予我，有感必成兄多次厚爱而赋之曰

又是天涯月半弓，丽江水色影朦胧。
羡君数论开新境，愧我诗文袭旧风。

追梦人存真本色，爱乡心具大襟胸。
激情纵说人间事，席上温馨留旅踪。

注：追梦人，即记载杨必成教授成长过程的长篇报告文学《追梦人 永远年轻》（载于《中国科技财富》（2011 年））。

17. 金缕曲 · 读杨必成《追梦数学路》（2013 年 4 月 4 日）

莫忆荒唐事。怅当年，无端骤起，溽人风雨。
家已沉沦人未长，奈得如山恶诅？何处避，锋刀冷弩。
接舆发狂三闾溺，问苍天何以天无语。
从此后，闯吾路。书生发愤闻鸡舞，破茅棚，豆油灯下，一心专注。
信是精诚天地感，九域迎来新曙。入宝藏，灵犀如炬。
拼搏生涯风两袖，占人间学问真财富。乘胜起，擂金鼓。

附：和《金缕曲 · 读杨必成〈追梦数学路〉》（叶国灿于 2020 年 8 月 20 日）

又忆当年事，憾虽生，家国相似，九州风雨。
父子同心时艰度，直面如山恶语。波浪起，锋刀冷弩。
证见人间真情意，解疑难书里高人聚。
从此后，闯新路！春雷一震群英舞，乘东风，行行自勉，苦心专注。
病重仍交全分卷，学府频频觉悟。师道入，桃李遍布。
学问人生风两袖，计等身巨著真财富。铸大器，再击鼓！

18. 摸鱼儿 · 读《数学教授杨必成的“不等式”人生》(2014 年 7 月 27 日)

怅人生,几多酣寐,醒来无影无絮。志存高远波澜阔,溟海始能安渡。

凭毅力,竞心智,迎来晓日东方吐。

劈山填浦,问棘野初开,猛禽凶兽,谁与共弓弩。

科研事,未必繁花满路。征程无尽风雨。

船头才把桅帆扯,忽而又生迷雾。

挨冷漠,苦坚守,焚膏为补青春误。稿残千篓。

喜此日能圆,梧桐倚梦,梦里凤凰翥。

附:和烈兄《摸鱼儿 · 读〈数学教授杨必成的“不等式”人生〉》(叶良方,2014 年 7 月 28 日)

太荒唐,是非年代,家门歧视成黑。少年心事存高洁,灯下读书吟壁。

磨铁杵,必成志,天降大任劳心力。

落乡驱地,却棒打头颅,天雷轰击,命硬竟难殛!

经波折,坎坷人生未息。茅寮追梦朝夕。

面朝黄土知天数,荒僻山村难匿。

心砥砺,不等式,风云过尽凌天翼。

探幽鸣镝,正数论连篇,惊人识见,圆梦把星摘。

19. 青玉案·读《科学中国人——大器晚成》(2015 年 1 月 26 日)

廿年磨砺求参数，一把剑，荆途舞。独立精神心血注。

燃犀窥豹，入经如蠹，赢得珊瑚树。无端最是荒山处，炼骨偏能把人铸。

机遇原非天眷顾。自由思想，顽强毅力，闯出光明路。

20. 读《科学中国人——锲而不舍》(2015 年 1 月 27 日)

男儿逆境英风发，横扫群山山突兀。
俗谛千重莫可拦，闯关一意终无歇。
自由品格沐春风，独立胸襟悬皓月。
万里鲲鹏起北溟，时空黑洞能穿越。

注：“俗谛”出自陈寅恪：“士之读书治学，盖将以脱心志于俗谛之桎梏。”

21. 鱼游春水·新春咏桃 (2015 年 2 月 18 日)

阳和花更丽，奔放自由千万蕾。晓云飞布，尽显风光旖旎。
对雪岸然骄铁骨，遇暖娇容羞若醉。玄都前度，武陵初会。
经得严寒洗礼，任是狂风乱摇曳。犹自抖擞精神，雍容华贵。
送与人间炽热风，会向春园播祥瑞。舒心开朗，激情充沛。

注：该迎春咏诗，不止赠杨必成一人。

22. 洞仙歌·贺杨必成获"科学中国人 2014 年度人物"等八项大奖(2016 年 1 月 4 日)

文章雁塔,付出知多少？四十余年白眉老。
咬牙筋,独立方显精神。勤砥砺,探索能知堂奥。
似离离野草,郁郁堤杨,历尽风霜更缭娆。
问伯乐伊谁,冷凳萧斋,须耐得,几多纷扰。
却直入南溟觅龙泉,壮志作燃犀,浩天光耀。

23. 遮浪海边遇萝莞(2016 年 2 月 13 日)

昔日无边际,青丛遍海涯。
拆芯寻战虎,卷叶作胡笳。
徒具防身刺,毋开钓誉花。
近年踪影绝,忽而见芳华。

附:和吕先生《遮浪海边遇萝莞》(王心洁,2016 年 5 月)

春日冷香祭,嫣红瀚海沙。
谁遗浮名慧,声影且由他。
疏花不解意,烟笼亦为画。
韶年箫笛绝,清影只天涯。

24. 念奴娇·读《独立胸襟悬皓月》(2016 年 6 月 26 日)

丈夫雄起,纵急风恶浪,扬帆飞遏。岂信雷霆欺侮久,良木必然奇崛。

十载寒斋,十年探索,再历十年囊雪。顽强独立,始将关隘穿越。

沿路多少雷池,异军搏杀,沥尽殷红血。

面对鲸鲵能说不,方显学人风节。信马扬镳,中流击楫,眼镜权威跌。

愿君持笔,再书芸锦千页。

25. 七律·应邀参加初二(3)班结业五十年活动赋兴(2016 年 11 月 14 日)

当年解惑立程门,好上南溟缚大鲲。
孰料龙雷摧殿宇,遂将玉石弃荒村。
泪奔已失平生梦,苦迫犹存不死魂。
待到峰回秋气爽,忽惊更鼓近黄昏。

26. 读必成兄七秩赠诗(2017 年 10 月 23 日)

渐息苍生百岁忧,老怀坦荡复何求?
一生傲骨频添堵,独特行藏更引尤。
赋月穷途难倚马,回春乏术効鞭牛。
休云率性多烦累,免为清风搔白头。

附:杨必成诗(2017 年 10 月 23 日)——赠吕烈七秩寿诞

一生傲骨,特立独行。诗文惊世,医术超群。

27. 必胜大哥以诗鼓励,依韵学赋一首申谢(2017 年 10 月 24 日)

昂扬恨未朝霞上,折羽何妨意更翩。
不堕雄心思万里,闻鸡应比祖生先。

28. 绕佛阁 · 读《杨必成与杨-希尔伯特型不等式理论》(2018 年 5 月 22 日)

志存卓荦,无际学海,犁浪开拓,何惧沟壑。只知棘路遥遥苦探索。

几多寂寞,多少鼓舞,应似雕凿,磨砺魂魄。挽弓射得长空大鹰落。

彻夜案头冷,直取参量顽拼搏。须为后来诸家传锁钥。

向古燧探微,思想飞跃。火纯金铄。领共好前行,清涧同濯。

便赢来,万千花萼。

29. 和刘兴夏(夏日瞳瞳)诗一首赠杨必成(2018 年 8 月 2 日)

方知日近长安远,何以炎凉概不全。
依旧昭然存礼节,维新突起想当年。

高歌满路花如锦，大绘凌风笔似椽。
重振山河相并立，京城树塔入云天。

附：刘兴夏原玉——读著名数学家杨必成教授《我的追梦数学路》

渺渺人生只百年，山高路远赖攀援。
千锤百炼磨心志，大器晚成自必然。
入世甘尝不等式，兴邦有矩成方圆。
硕星熠熠凭谁撷，耀我中华勋永绵。

30. 汕尾知青下乡50周年聚会活动有感（2018年12月20日）

征鸿旧迹未如烟，倚梦相缠五十年。
旧习千年待改革，春风吹拂好耕田。
山乡巨变伊谁在，人物殊非故事传。
老大回游万千感，当时真的史无前。

附：随知青下乡行——莲花山早行（2018年12月14日）

晨风吹拂到莲峰，雨洗苍茫山叠翠。
野瀑冲崖山怒号，兰汤烫体消劳悴。
驱车览胜藿藜封，拾径攀岩筋骨累。
踯躅亭边长太息，鹧鸪声里看花坠。

31. 杨必成教授作《追梦数学路》有赋（2018 年 12 月 28 日）

遭逢几作鹤琴焚，成败萧何汕尾镇。
磨砺丁年苦练兵，解牛今日正游刃。
崇山觅径岂徐行，逆水之舟唯奋进。
已历龙雷百劫身，恰宜夺锦东风趁。

32. 依韵和刘兴夏《赞数学拓荒者杨必成》(2019 年 3 月 18 日)

耻步前麾入旧畴[①]，深溪踏石[②]为追求。
明于挽轭[③]勤探索，欲出函关[④]苦运筹。
直上崎途[⑤]狂喘喘，犁开冻土[⑥]乐悠悠。
高歌宁戚[⑦]横吹笛，拓破荒原[⑧]力最牛。

释词：不能在别人的指挥棒下耗费精神，勇于摸石头去冲过梁津，重轭之下仍不断探索，才能攀上昆仑，在冻土中拉犁，在崎路上狂奔，宁戚饭牛的气魄是奋斗的榜样，垦开处女地凭的是气力千钧。（本诗句句与牛有关：①田畴。②过溪踏石。③负轭。④青牛出关。⑤坂途。⑥犁土。⑦宁戚饭牛。⑧拓荒。）

附：刘兴夏原玉《赞数学拓荒者杨必成》（2019 年 3 月 17 日）

中华英杰拓荒牛，认准前方一世求。
彩凤钟灵山不老，湖滨毓秀水长流。
苦寒梅韵存心志，高洁松风远九州。
当庆殊荣振国运，摘星更上一层楼。

33. 读《探索能知堂奥》赠杨必成教授(调寄六州歌头)(2019 年 4 月 14 日)

昔年意气,潜海欲探龙。家受控,迁客峒。书猛攻,劲不松。
压力如山重。头伤痛,休摇动;天作弄,人讥讽;守初衷。
涵远应如凤。举国冰融,秋帏传捷报,玉汝得成功。
险尚无穷,挽长弓。趁东风送,春潮涌。
搜细缝,插寒锋。题切中,能致用。夜朦胧,尚专攻。
滴水穿岩洞。耕山陇,获葱茏。勤运瓮,灵机动,犀心通。
百叠鸿篇,换取环球诵。敢闯迷宫,是中华读书种。
不待外洋蜂,蜜味犹浓。

注:杨-希尔伯特型不等式理论体系的建立,说明中国人在科技理论系统的建立是有所作为的(上调依贺铸《六州》)。

34. 和刘兴夏(2019 年 10 月 24 日)

炼狱搓磨历几程,深沟太璞已晶莹。
方家都赞温其玉,多少精心始琢成。

注:《诗经 · 小戎》:“言念君子,温其如玉。”玉有君子之美,君子有玉之质。经历过多少次炼火的锻造,大水的洗涤,才具有晶莹的品质。让大家认识到这是精美的艺术杰作,又须花费多少匠心的琢磨。

附:贺杨必成教授在国际著名的斯普林格出版社出版专著(刘兴夏,2019 年 10 月 24 日)

百载难能搏一程，呕心沥血结晶莹。
喜看华夏蕴人杰，勇上珠峰志必成。

35. 大雪日必成教授招饮有寄（用朱得文先生《山居小酒》韵）（2019年12月9日）

大雪天南菊未黄，弘农设宴我沾光。
话藏半世今方快，情到酣时各尽觞。
自是生涯多缺损，谁非苦辣费周章？
古稀不觉天将老，尚约明朝看艳阳。

36.（双调 · 沉醉东风）庚子贺岁（2020年1月24日除夕）

绿笋儿冲开冻土，红梅朵绽满寒株。相祈彭祖寿，还望石崇富。

银纸拼多多，管甚屠苏。朝日起精神鼓舞，前景美开心仰俯。

37.（正宫 · 转调货郎儿）贺杨必成教授今年十六篇论著刊SCI（2020年8月21日）

（货郎儿）循天道，思维须解缚，探奥秘，精神当自主。
起承活用岂迂腐。参西证严谨，衷中辨虚无。
（醉太平）题儿先破，灵感一触，分明参数眼前出，一鼓可中桴。
先凭共轭撩烟雾，纵驱驷马开天幕，长麾六飐自由舞。
休言述著成累牍，汗滴鳣堂几斛珠。

注：①《后汉书·杨震传》："后有冠雀衔三鳣鱼，飞集讲堂前，都讲取鱼进曰：'蛇鳣者，卿大夫服之象也。数三者，法三台也。先生自此升矣。'"后因称讲学之所为"鳣堂"。宋朱熹《奉和公济兄留周宾之句》："鳣堂偶休闲，鸡黍聊从容。"宋楼钥《通交代徐教授启》："典鳣堂之教，获与交承。"清王端履《重论文斋笔录》卷一："校罢诗书延爱日，鳣堂春酒颂三多。"

② 虺（huǐ），《述异记》："虺五百年化为蛟，蛟千年化为龙。"

38. 贺杨必成教授七十四寿辰（依韵和刘兴夏）（2020 年 10 月 4 日）

异趣深沉志自坚，奇衡推演入危巅。
功成休笑西沉日，绚丽霞光在晚天。

附：刘兴夏诗——读《勤砥砺，探秘洞悉堂奥》并贺杨必成教授七十四寿诞

一帆风雨路三千，大任斯人降九天。
老骥拳拳犹出枥，摘星追月胜当年。

39. 千秋岁·老同学聚会有感（2020 年 10 月 17 日）

久违同聚，银发惊无数。离别意，难倾诉。当年经大劫，绛帐穷刀斧。

谁料得，到头落泊弯弯路。愿景千金缕，编作风花舞。

悲梦碎，痴情误，惜青春晦气，叹暮秋寒露。

怀感慨，曲成又恐周郎顾。

40. 读《杨必成:盘点 2020 年》(2021 年 1 月 5 日)

我缩螺窝避疬炎，君登雁塔摘尖尖。
九章拓展推鸿著，蔗尾居然似蜜甜。

41. [越调 · 绛桃春]辛丑春节(2021 年 2 月 11 日(除夕))

铜瓶插上小桃红，辗转还三弄。大幅挥春吉祥颂。
乐融融，应有个熊罴梦。
脱却闲愁万种，盼得冰河解冻。大地庆葱茏。

42. 定风波 · 读《寒门如何出贵子》(2021 年 4 月 6 日)

教出儿孙杜若香，沉移树则是良方。
历尽艰辛豪气在，出彩。冰心可鉴闪瑶光。
功过从来多反转，休叹，已将碧血洒乡邦。
磊落一身花烂漫，谁赞？箕裘清白喜弘扬。

43. 青玉案 · 看视频报道《杨必成》(2021 年 7 月 22 日)

艰难流落平龙背，越天志，安能坠？任是风雷摧不碎。
意存高远，器须磨砺，九死全无悔。
十年求索阴霾退，玉种蓝田得瑰丽。历尽痴情心血泪。
龄虽稀古，更操机杼，织出云天霁。

44. 次韵瞳瞳君(刘兴夏)七绝一首(2021 年 9 月 12 日)

祖生舞剑趁鸡鸣,坚毅方为真性情。
松柏根荄岩缝下,虬枝无改向阳生。

附:刘兴夏面聆杨必成教授《我的追梦数学路》讲座有感(2021 年 9 月 11 日,于汕尾妈祖广场)

妈祖神钟岁岁鸣,心无旁骛总关情。
只缘遂得降龙志,沥胆披肝任一生。

45.《杨必成:盘点 2021 年》读后感(2022 年 2 月 16 日)

十年磨剑未为长,冷凳青灯著瀚章。
高志远瞻凭虎劲,雄心白鬓拼龙骧。
希门故事添奇迹,巨舰乘风已启航。
运贫旋机知不等,古稀奋发一骠扬。

释文:比起科学研发,铸造出紫电青锋之类名剑花费十年工夫就不算长了。科学人大半辈子默默地耕耘,是心中的坚持使他们具备坚韧的毅力,是宏大的理想让他们思维得以翱翔。希尔伯特的设想如今得到弘扬,就像巨轮冲浪前航。辛勤的劳作是因时间不能等待,逾古稀之年更须策马扬鞭争取更大辉煌。

附:刘兴夏原玉《盘点 2021 年》读后感(2022 年 2 月 16 日)

屠龙底事日悠长,我解天书续九章。
学海无涯经绝世,乘风万里启新航。

46. 破阵子 · 读《执于探微》(2022 年 7 月 1 日)

成果知无唾手,攻坚分外艰难。十年厮磨长凳热,一盏青灯彻夜寒。

楼兰破等闲,荆棘须凭快斩,顶峰定作雄攀。

算有龙盘多曲折,任是金汤怕我顽。劈开拦路关。

47. [中吕 · 魔合罗带过最高楼]祝杨必成教授获全球 2% 顶尖科学家殊荣 (2022 年 10 月 12 日)

少年未得东风便,青灯破万卷。十年冷凳磨穿,一身壮志痴缠。

勘开参量风云转,旱地掘穿甘露泉。文章如井喷,论著忽等身。

[最高楼]仰看前路山尖,绚丽辉煌迫近。回观撒下花籽,五彩缤纷一片。

48. 大石调 · 雁过南楼——读“杨必成 · 劳动节特别报道” (2023 年 5 月 4 日)

一斧斤,劈开混沌,需耗费,几多磨砺与辛勤。

希尔设猜想,来者凭坚韧。参破须智慧,论证步步稳。

日忘餐,夜无寐,一关攻破几兴奋。

回首看,论著叠叠入云天。

第三章　诗评 26 则：诗人与数学家

杨建成

（一）我祝东风多发力，送君逐浪启新航

逐浪行（吕烈，2005 年 7 月 22 日）

——送学友杨必成教授赴欧洲参加第二届应用数学国际会议感赋：

红湾浩瀚接空蒙，孕育鲲鹏抟大风。
上接沧溟波浪卷，扶摇天际骇鱼龙。
波涛万里有长滩，刺向汪洋止凤山。
山麓杨门书苑第，钟灵屡屡出其间。
弘农儿女尽聪明，佼佼男儿数必成。
过目芸编便成诵，寻根究底诘先生……

这是诗人吕烈医师为读高中时的同窗好友、数学家杨必成教授有感而赋的乐府长诗《逐浪行》的开头 12 句，全诗长达 116 句，洋洋大观！

诗人以敏捷的思维、丰富的想象力和深厚的文字功底，把本土文化知识融进诗词格律中，形成清新脱俗的独特风格。长诗里，诗人用诗歌的形象思维刻画数学的抽象思维，使其巧妙地融合在一起。在诗人的眼中，稀奇古怪的数学符号、枯燥乏味的抽象公式，被还原成一幅幅鲜活的艺术形象。长诗的前四句，格局开阔。以诗歌的比兴手法引用当初他们在高中时读过的古文《逍遥游》中的诗句演绎而来，即：北冥有鱼，其名为鲲。鲲之大，不知其几千里也。化而为鸟，其名为鹏。鹏之背，不知其几千里也，怒而飞，其翼若垂天之云……

在这里，诗人是以小见大而谋篇布局，立意鲜明，以鲲鹏的搏击长空之诗境，刻画出志存高远的杨必成这一人物形象的意境。接着的诗句，结合时代背景，个性化地描述了数学家青少年时期的坎坷遭遇及青春哀怨。诗中引用数学词语：“如何正负颠颠倒，公式哪条能解疑？”演绎出“文化大革命”时期，众生芸芸，个人的才华和品德根本无法左右自己的命运！紧接着诗人再引用当初他们在读高中时读过的古文，古先贤孟子的“生于忧患”文句：“故天将降大任于是人也，必先苦其心志，劳其筋骨，饿其体肤，空乏其身，行拂乱其所为，所以动心忍性，增益其所不能。”寓意为：“天将大任降斯人，劳乃形骸炼乃心。”在这里，诗人关注了人生历练。个人的命运与时代、国家、民族的命运息息相关。终于幸运降临了，诗人以“神州久旱起风云”突显了改革开放后，思想解除了束缚：“迟迟大学果相邀，卷起平湖几度潮。”经历了文化断层后能旧梦重圆，那么就“茫茫学海水深深，诸子争捞定海针”。在末段中又大胆预见：“若以精神倾入海，大潮涨爆广州湾。”前瞻性地概括出一个勇于探索、敢于拼搏之个性化人物形象，为数学家追梦之路“送君逐浪启新航”。

回顾当初诗人写此长诗时，杨必成的数学理论研究尚处于“破局”阶段，既蓄势待发，也在面临选择。因为岁月不饶人，年纪已奔六十甲子，将到法定退休年龄，对大多数人来说，已是“英雄迟暮”，可“躺平”颐养天年了！然针对数学家，诗人是难得的独具慧眼，他希望老同学把命运牢牢地掌握在自己手里：“由来大器晚方成，大山曾历练，瀚海可纵横。”鼓励他：“雄心报国振科研，著述震惊美利坚。”（题外话：演变的结果确实如此，也是国情的原因。在国内数学类仅中国科学院有2家SCI（科学引文索引）重要期刊，因此历年来杨必成发表的220篇SCI论文，有80%以上只能在美国数学期刊入录发表。）那么就“人生从六十岁开始”“尖端有志自登峰”，逐浪前行于国际数学前沿了。

有网友评论：这是一部特殊的传记，以诗的形式，由诗人朋友给数学家杨必成教授作传，别有风格。只是在细节上，例如格式等，尚须细磨。

还有网友评论：一个人用执着守望信念，对话心灵，用真诚撰写轨迹，谱写人生，能在自己的专业领域持之以恒数十载，桃李天下，硕果累累，一定不是偶然的，这不仅需要专业的修为，更需要来自内心的安宁和坚定。

而说到底还是学无止境，见仁见智，也是在乎与不在乎的事情，不在乎的话，看看也就过去了。可数学家对于诗人写给他的诗歌，确是很在乎的。回顾多年来国内很多描写杨必成治学事迹的几十家媒体报道，由于普遍在文章中引用了诗人的诗词典句，把抽象、貌似呆板的数学思辨写活了，形成独特风格，变得丰富多彩。而刊物编辑们也都感到惊奇，枯燥的数学研究，竟然可以用形象的诗歌来表述。由此可见，中华传统文化的奥妙所在。

然有时候性情中人的数学家也念叨，也曾与诗人“翻账”，问及诗人，为何没将该《逐浪行》长诗收录入诗人已公开发表的三本诗集中？诗人苦笑着说，他写后自己感到不满意！这就纳闷了，也许，诗人认为在长诗中像记录“流水账”一样，入不了大雅之堂；或是夸夸其谈，言过其实；或是附庸风雅，无病呻吟。没有啊！116 句的叙事长诗中句句写实励志，且直抒胸臆，以“有料”的“胸储自有玉玲珑”进行谋篇布局。以“志存高远大鹏飞，勇于瀚海探幽微”刻画出人物性格，并非言过其实的“挖个坑让人家跳”。当初，诗人为数学家写此《逐浪行》长诗时，他已发表的数学论文也仅仅“喜看心血成甘果，憾世科研已百章。”然而好戏在后头，因为“不等式中多乐趣，潜身瀚海捉鲸鳌”，所以“参量摧开自由路，论文汩汩又源源”。经过几十载的拼搏努力，数学家也是著作等身，他有了“大数据”，他在逐浪前行中从偶然到必然，从感性到理性，从量变到质变，已在国内外发表了科研论文 600 多篇；理论专著 17 部，在斯普林格出版社参编专著 18 部（22 章）。将一条试图联系空间与空间之间的神奇不等式，演绎成一个庞大的“杨-希尔伯特型不等式”数学理论，并考虑了若干拓展性应用。

令人伤感的是诗人在 2023 年的端午节（也叫诗人节）过后，他追随古先贤“忧国忧民屈子心”，说走就走了！“今日灵前空洒泪，告慰却难寻吕翁！”数学家在灵前为诗人读了祭文，送别了挚友，拿他自己的话说：“过了一年才缓过劲来。”但他接到入选英国皇家工艺院终身院士的证书及该院执行院长的贺信后，又在感叹，诗人再也不能为数学家“他年晋仕更传觞”了！然斯人虽逝，数学家却没停步，又继续他的“追梦数学之旅”了。

25 年来，吕烈为杨必成撰写了 48 首诗歌，其中：七律 22 首，七绝 5 首，词 18 首，乐府长诗 1 首，元曲 1 首，五律 1 首。诗人巧妙地把许多抽象的数学概念引入诗中，不仅不枯燥而且更生动地刻画出数学家的“休提侥幸，是历尽辛苦”的人生。虽然，这比起诗人生前创作的 1 000 多首题材广泛、优质高产的诗、词、曲、赋，也仅仅是九牛一毛。

遗憾的是，笔者学浅，青少年时期“欲求知识偏遇动荡年”，年过古稀才“再学习”，所拼凑的一些夹叙夹议的“大杂烩、大盆菜”纯属“赶鸭子上架”，满打满算一“文抄公”而已！更别说能对吕诗做出诗评了。只是长期作为仰视诗人与数学家的“粉丝”，“学长+兄长”的“跟屁虫”，耳濡目染，感受过他俩“捧腹当初曾面赤，吹牛此刻籍酡红”的情景。再者总感觉：在我们的家乡粤东的汕尾市，在我们的母校汕尾中学，孕育了诗人与数学家这一神奇的“文理双子星”。而诗人心中的那片海也是诗歌的海洋，他以精神力量一步步地激励着数学家“潜身瀚海捉鲸鳌”。产生了 1+1>2 的人生不等式，更潜移默化地在文坛、诗坛、数坛中刻画出了一种个性化之“文理相通”的独特佳话。然话说回来，“君子之交淡如水”，这话一点也不假，笔者遍寻诗人与数学家交往近 60 年情谊的相片资料，竟搜不出有一张属诗人与数学家两个人的合照！你说遗憾不遗憾？

下面就让我们一起来探寻他们“喜看心血成甘果”的心路历程；分享诗人“山珍那及友情浓”的交往情结；赏析他多年来写给数学家的字字珠玑的诗歌，感受他们形象思维与抽象思维的情感交融吧！

（二）且趁春光多拼搏，深潜学海探骊珠

七律 · 赠杨必成教授（吕烈，1999 年 2 月 10 日）：

当年苦读沫相濡，今日贺君冲九衢。
廿载精研成大器，九章衍算辟新途。
为人坦荡宽而厚，治学辛勤智若愚。
且趁春光多拼搏，深潜学海探骊珠。

这是诗人吕烈写给数学家杨必成的第一首诗，收录入他的第一本诗集《医余集噫》第 8 页。当初，杨必成与吕烈双双参加了 1977 年全国恢复的高考，幸运地被广州高校录取。录取前，杨必成是下乡后被招工安排在镇办小学的民办教师，月工资 24 元；吕烈当初因要照顾年老的母亲没有下乡，在汕尾镇第三居委会为解决“闲散劳力”就业而办的小型企业当业务员，月工资 26 元。从接到大学的录取通知书那一刻起，他俩就“华丽转身”，从一介平民跃身为“天之骄子”，精英意识瞬间形成了。

1978 年的早春二月，杨必成入读华南师范学院数学系本科，接着，吕烈入读广州中医药学院。20 年过去了，1998 年，杨必成的数学研究取得了突破，他首创“参量化”数学思想方法，改进及推广了“希尔伯特不等式”，当年有 4 篇重要数学论文入录美国 SCI 期刊，因科研成绩突出，他被评为数学教授。回家乡向老母亲报喜时，同时拜访老同学吕烈，诗人有感而发写了该诗给他。

开头句就回忆起当年二人相濡以沫求学苦读的往事。其实诗

人与数学家是心灵相通的，当年一起读高中时，一个专研文科，一个专习理科，成为“文理双子星”。正当他们燃放出青春的激情，期待着参加全国的统一高考时，“文化大革命”开始了，推毁了莘莘学子的求学梦！而这一等就整整等了11年。1977年秋，盼来了姗姗来迟的全国恢复高考首年，他俩也搭上了“高考末班车”，伴随着“千军万马过独木桥”，双双进入了高校。当时情景，可谓是戏剧性地像“老童生范进中举”，拿家乡旧时方言说，也叫“乌浮林独中，好戏在后头”。事隔20年后，同窗挚友相聚，太多的话题浓缩成了诗人送给数学家的两句诗：“且趁春光多拼搏，深潜学海探骊珠。”因诗人对数学家太理解了，他之后曾有一诗描写当初同窗共读时的情景：

七绝·忆中学与杨必成相砺（吕烈，2011年1月5日）：

人有奇情志亦殊，敢从无处觅通衢。
才高不囿寻常论，要读天方异趣书。

诗言志，更言情，以上短短一首七言绝句，刻画出数学家立志求学的性格，也道出了作者的真性情，目的还是励志。为加深理解，下面再附上诗人于同时期所填的一首词：

满江红·忆入读大学

入学通知，掀开了，人生新页。逢机遇，夺回“文革”，蹉跎年月。

捧卷琢磨方药法，练针自刺经腧穴。数春秋，纵夜寂灯寒，案头热。

囊虽涩，书不辍，衣已敝，勤无歇。陋居人挤迫，反增亲切。

绿野会操龙虎跃，黄河合唱云天遏。继岐黄，矢志振中医，心如铁。

同年，为家乡先贤许慕石医师编辑《石兰居集》时，也曾作七律一首赠许老先生。我认为，该诗也是他自己的写照，谨录于下；

诗由衷出意最深，因时更是感人吟。
秉公秉直董狐笔，忧国忧民屈子心。
济世活人悬旭日，扶筇兴学布甘霖。
谆谆一卷石兰语，胜读十年醒世箴。

（三）股四勾三穷九九，必成大器已登堂

杨必成教授数学报告会（吕烈，2002年10月20日）：

股四勾三穷九九，必成大器已登堂。
吐谈启智声声掌，妙语催花阵阵扬。
士别三天当刮目，君言一席合倾觞。
中医数码如能化，也送岐黄到九章。

欧几里得是两千多年以前的古希腊数学家，其中的勾股定理被数学界称为“千古第一定理”。诗人巧妙地引用数学概念并来个“穷九九”体现数学研究，不仅不枯燥而且更生动，意境深远。紧接

着第二句“必成大器已登堂”更为数学家开了个好“头彩”。

“声声掌”“阵阵扬”寓意数学家离开母校汕尾中学35年后，杨必成于校庆日（10月17日）在汕尾中学多媒体教室向学校的应届毕业生做了“数学的学习与探究”专题讲座，他重点讲述了如何培养孩子们对学习数学的兴趣。虽然“兴趣是最好的老师”这句话人人都会说，但是在数学课堂上，由于我国的应试教育模式，有些老师、学生和家长都过分注重分数，有些学生感受不到“兴趣”，存在逆反心理而产生“厌学”。因此，需要引导学生们认识到：科学的基础是数学，把孩子们对科学的兴趣培养出来后，他们才会更有动力学习数学。反过来说：数学思维就像是游戏思维，须穷尽想象力去创造一个新的世界，然后用严谨的论证和逻辑推理去得到一个答案。因此，需培养一种高度抽象并解决问题的思维能力。

“士别三天当刮目”，杨必成教授与母校汕尾中学有着特殊的渊源，就他个人来说，他于1958年秋入读该校初中班，1961年秋毕业考不上高中，离校二年后又于1963年秋重新参加中考，入读汕尾中学高中班；1966年夏高中毕业，即遭遇“文化大革命”，至1968年底才离校下乡。1977年秋恢复高考，杨必成又回到母校的考场参加高考。前前后后在中学阶段被逗留的时间近20年。而杨必成的亲人们，于“文化大革命”前后也有10位在汕尾中学任教或读过书。

期间参加母校校庆的吕烈先生也参与了旁听。三天后于汕尾海珍酒楼老同学聚餐时，写成该诗赠杨必成教授。由此他着手酝酿为数学家写些诗了。然诗人是一中医师，他也是“纵夜寂灯寒，案头热”，更是“矢志振中医，心如铁”。他想象出了中医数码化，把岐黄送达九章。

人们常说：数学是开启人类智慧的钥匙，也是人类文明的重要基础,是一门博大精深的学科。他以一种既神奇而又实用的思路,努力揭示大自然和人类社会的种种奥秘和规律。而激励杨必成“专练打钥匙”的是同年10月,杨必成参加了在北京举行的第二十届国际数学家大会。会上有幸与美籍华人,数学界泰斗陈省身先生同组讨论并与之合影。陈老先生回国后一直疾呼并推动:21世纪中国成为数学大国。从此,杨必成也树立了数学强国的梦想,他在自己网页上的科研主页上写下了四句座右铭:

志存高远,脚踏实地,勤勉治学,执于探微。

(四)今日还乡须著锦,他年晋士更传觞

再赋前题赠杨必成教授(一)(吕烈,2002年10月26日):

荣誉得来非造化,几经拼搏始登场。
磨穿板凳廿年冷,占有春园一帜扬。
今日还乡须著锦,他年晋士更传觞。
我今坐待好消息,再为骄杨献俚章。

诗人此前写了《杨必成教授数学报告会》一诗,发挥出想象的空间,将古代数学的勾股定理编辑入中医数码,将岐黄送达九章算术。不到一个星期,余兴未尽,又有感而发,就再赋前题当推手,“再为骄杨献俚章”了。

诗人清楚,杨必成的治学经历,一开始就输在了起跑线上。一是他当初脑部历天灾人祸受伤严重;二是遭受严重脑震荡,长期头

痛失眠，要进入环环相扣的数学迷宫探索奥秘，谈何容易；三是年龄大了，学数学要年轻，大学毕业时已 36 岁，仅取得学士学位，也考不上研究生继续深造；四是更无法出国留学，当不了“海归派”，也没法走“经院派”的研究道路，做到“寻师而入、破门而出”。且数学是一门纯理论学科，非常抽象，本身难度非常高，出成果不易，所以从事数学研究，就必须坐得住冷板凳，耐得住寂寞。很多人把学习数学当敲门砖，很少有人把数学研究作为自己的终身事业。然作为“数痴”的杨必成，当初就是一“骑兵”，节假日、休息日骑着自行车跑广州市内各个大学图书馆，“茫茫学海水深深，诸子争捞定海针”，寻找数学研究课题，培养缜密的数学思维能力。在研究道路上善待冷落、磨穿板凳，诗人“几经拼搏始登场”的描述再形象不过了！诗人期望着为数学家“他年晋士更传觞”。25 年间，每当数学家在科研道路上取得成就，他必定有感而发为数学家哼上几句诗词。直至病重了，还在“病中吟”地填词给数学家。可惜，数学家后来的科研成果，他看不到了！在他逝世后不到一年，2023 年末，杨必成入选英国皇家学会工艺院终身院士。这“迟来的爱”，没办法让诗人与数学家“更传觞”了！

以上写于同一时期的两首七律，均收录于吕烈诗集《医余集噫》第 71 页、72 页。

（五）此是云程初发轫，鲲鹏万里必凌空

谢杨必成教授赠《数学论文纪念册》（吕烈，2003 年 11 月 15 日）：

天书欺我眼朦胧，精髓未明心已通。

菊放东篱宜赏骨，兰滋九畹喜黛风。

未攀怎识庐山贵，不拼焉知热血浓。

此是云程初发轫，鲲鹏万里必凌空。

杨必成于2003年与希腊数学家Rassias合作，在欧洲一家著名的国际SCI数学杂志《数学不等式及应用》（*Mathematical Inequalities and Applications*. Vol.6, No.4（2003），625-658）发表了长达34页的综述性论文《论希尔伯特型不等式》。由于数学是一门研究现实世界和空间形式的科学，每一代的数学家都在原有的基础上，再添加一层新的建筑，因而使数学的结论往往具有永恒的意义。希尔伯特不等式是一条研究空间关系的数学式子，它试图通过抽象化的计算、严谨的理论演绎，在两个互不关联的实赋范空间之间建立一条理想化桥梁，当初伟大的数学家希尔伯特发明出该不等式，也只是为分析数学打下一个基础，需要后来的数学家方法得当地接力，并添砖加瓦，演绎出更多的理论结果。杨必成接力该项研究时，国际上数学界对该项研究已空白了半个多世纪。既然接上力了，一开始也算是"赶鸭子上架"，他把破解该不等式作为一种神圣的使命，"开弓没有回头箭"了。他自觉地被套进去了，心无旁骛，"专练打钥匙"地改进、演绎、推广起该不等式来。

而与国际接轨的该综述性论文，也仅仅是开了个好头，仅属研究希尔伯特型不等式的初级阶段。整篇论文均用英语写成，没有一句中文，稀奇古怪的数学符号就像天书。当杨必成回乡后，将这"天书"送给诗人时，还郑重其事地说，他已掘到了"金矿"，须与挚友共享。诗人也就"眼朦胧"地"菊放东篱""兰滋九畹"，"精髓未明心已通"地回礼赠给了数学家上述一首诗。

需要说明的是:诗人“明明白白我的心”,数学无国界,数学的海洋无边无际,不知道还有多少未知领域需要去发掘呢?因此创造力是一个数学家最基本的素养,他不仅仅需要数学知识,更需要创意与灵感。至于不同学科之间的连接能力,既要专注理解,又要即兴发挥,用创新的方法证明定理,看来道理和诗歌、音乐等创作是差不多的。诗人看到昔日好友如今有了可喜的数学成就,成果已走向世界了,他由衷地高兴,所谓心有灵犀一点通。整首诗充满了激情,充满了鼓励和期望,“此是云程初发轫”,在这里,诗人担任了“推手”,乐意地推了数学家一把。

(六)喜看心血成甘果,撼世科研已百章

再赋前题赠杨必成(二)(吕烈,2004年6月6日):

韬晦何曾甘寂寞,男儿大志立于堂。
下乡知识穷颠扑,大学天资得发扬。
力向高山开捷径,更从曲水泛流觞。
喜看心血成甘果,撼世科研已百章。

当初,诗人与数学家是同窗挚友,以后各走各路,然心灵相通。此时,数学家已在国内外发表了100多篇数学论文,回乡之余,当然兴高采烈地来到诗人家里“领奖”,奖状当然是上述的一首诗了。报喜、颁奖完毕,数学家又报忧了:2004年前后,为报答家乡父老,杨必成利用节假日、双休日往返广州和汕尾,在汕尾职业技术学院开设了两期数学本科函授班,为家乡培训100名中学数学老师(每

期50名)。杨必成亲自编写教材讲义并讲课。回家乡的时间相对多了,闲暇之余,晚上,总喜欢到位于新城路十巷的吕烈家里,俩人吹牛聊天,天南地北胡侃。期间杨必成也无奈地聊起他今日还乡,满腔热情为家乡培训数学老师,然不尽人意,虽然他讲课认真,治学严格,上课前点一次名,下课后又点一次名,考试时亲自监考,不及格须补考,一点情面都不给前来参加培训的函授生。然部分学员都是奔着职称和文凭来的,来也匆匆,去也匆匆,应付了事,只求考试时给个及格就算了。因此,杨必成下课后回到家里,总是唉声叹气,为家乡的这种教育状况感到担忧。怎么这样啊?一时吹胡子瞪眼。晚上到诗人家里聊天,也是牢骚太盛,此时诗人总是调侃他:“想开些吧!人家也不容易,特别路途远的,坐早班车来回赶一百几十公里,匆匆忙忙来听课,傍晚上完课又要赶回去。你要人家理解你但也要理解人家啊!”说着,诗人拿出了他写的《教师节调侃某老师》一诗给数学家看:

人家过节徙高楼,汝为修房恼白头。
人出老千先致富,君仍属九未入流。
职称已梏人头马,教学何须孺子牛。
谋位赚分违本意,炒房炒股岂吾谋。
尊师礼尚当权派,好友君存知耻俦。
不入时宜空鳌节,活该潦倒过阳秋。

调侃之余,诗人并非睇破世情,他在心里为数学家留下了一片净土,用真情为数学家写下了上面字字珠玑的诗句。

（七）凌厉由来说后劲，宝刀更可铸辉煌

和翁更生诗赠杨必成（吕烈，2005 年 11 月 1 日）：

数坛不尚假文章，不拼无缘上殿堂。
厚积精华知待发，多储灵气必成芳。
探幽不等最佳式，立志无涯数道场。
凌厉由来说后劲，宝刀更可铸辉煌。

附：翁更生原玉——欣读汕尾日报《在数学王国里自由探秘》感赋（2005 年 10 月 30 日）：

志存高远必成才，一击重霄名贯雷。
不历坎坷非铁汉，能经挫折是良材。
科研著述标巨帜，数论文章上竣台。
品德精神滋后学，故园特酿敬君开。

1977 年秋全国恢复高考，杨必成与吕烈均搭上了高考末班车，双双被录取进入广州高校，其中杨必成以单科数学 200 分的成绩成为广东省数学科两名“高考状元”之一。一时间街谈巷议，成了家乡父老们茶余饭后的话题。年届 31 岁的杨必成也是豪情满怀，离开家乡前在汕尾汽车站前跺跺脚：鸟儿放出笼了，不干出点名堂出来愧见家乡父老。然而一去 20 多年，却“泥牛入海无消息”，人们似乎都把他忘记了！时隔 27 年后，家乡的《汕尾日报》记者，趁

杨必成在汕尾职业技术学院讲课之机采访了他，2005 年 10 月 25 日，《汕尾日报》用整版的篇幅以《在数学王国里自由探秘》为题报道了杨必成的治学事迹及科研历程，并附有该报副刊部负责人郑溢涛的“编后絮语”《精神的“青年气概”》。杨必成总算是第一次向家乡父老做了“汇报演出”。这也是国内媒体中第一次对杨必成关于数学研究的报道，以后国家级媒体的报道接二连三、应接不暇，此是后话。

汕中老学弟翁更生在看了《汕尾日报》的报道后，写给了杨必成一首诗，吕烈又依韵唱和。当然两首诗中除了鼓励还是鼓励，但无疑给了数学家精神力量和灵感。特别诗中的“探幽不等最佳式，立志无涯数道场”刻画了数学家的心路历程。杨必成汲取了家乡的精神力量，使他在探索数学奥秘的道路上，不再感到孤独了。然诗人的心理也是矛盾的，他一方面鼓励数学家“大道风行遍五洋”，一方面又感到失落，当年他也已 58 周岁了。之前，他为自己写了一首诗，现附于下：

自　况

为求技艺苦茹辛，势作乾坤有用人。
肝胆全抛仍受气，文章写就只风尘。
耻人凡事三分假，笑我存心太认真。
名利而今勘破了，嫌他虚誉扰精神。

之后，他又为自己填了一首词：

八声甘州·五八自况

对梧桐疏雨怨清秋，瑟瑟白吾头。叹光阴似箭，冯唐易老，壮志难酬。

少说悲欢离合，往事莫眸。多少忧和恨，早泯恩仇。
且喜老来心态，功名已弃，利禄无求。渐心高气傲。
未肯合潮流。笑人间抠心倾轧，到头来，掩涕诲公侯。
争如我，乱弹风月，不问情由。

（八）多少心酸磨旧事，如今都付笑谈中

读《杨必成高中毕业四十周年纪念册》（2006年6月）：

漫卷思愁看逝水，英雄无用叹乌骓。
身居三届今真老，鼻碰千钉早已灰。
难适阴晴天谲幻，至行坎坷路迂回。
弄人毋怨东风恶，只笑生涯总触雷。

2006年6月，杨必成特地回到家乡，他带回了亲自编辑的《杨必成高中毕业四十周年纪念册》。里面收录、转载了相关媒体的报道，及杨必成《往事的回忆》（原发表在《汕尾文史》）等文章，内容丰富，记录了其追梦数学的心路历程，并在封面填写了自己的一首《七绝》：

风雨兼程四十载，天涯咫尺思乡情。
数坛探秘尝甘果，一路相携有故人。

杨必成将该纪念册送给了吕烈及当初同高中毕业班的老同学们。吕烈阅后很是触景生情，产生了共鸣，写了上述伤感诗。也许，他感到高中毕业四十年，话题太沉重；青春哀怨，半生蹉跎，有太多的感慨。接下来，他又诗词如泉涌，触生《学士吟》，抒发出自己的感情，接二连三地写出了诗、词及散文。这些诗歌，既有对历史的沉重思考，也有对老同学的勉励鞭策。真所谓：多少豪情多少泪，今宵都付笑谈中。

高中毕业四十周年之前，老同学聚会期间，同窗欧文慰同学拿出了他珍藏的，当初的毕业集体照（1966 年 4 月 20 日），经过复制放大，青年时期老同学们的形象清晰可见，为此吕烈在照片下端填了一首词：

调寄《学士吟》（来自四十年前毕业的记忆）：

曾经有放飞的梦，曾经是烫热的风，是春天积淀其中。
细搜寻，怎这般朦胧？

御街行·看高中毕业相（2005 年 6 月 20 日）：

斑痕点点愁相对。旧日渍，今时泪？依稀犹辨是芳华，正值青春花季。
谁知骤起，急流汹涌，一夜琼花碎。多情总被无情累。
力搏尽，心憔悴。炎凉楚创苦辛酸，怎说人生无味？
多年委屈，满身残疾。强作笑颜藏疲惫。

水调歌头·中学毕业四十年同学相聚宴会即席（2006 年 8 月 6 日）：

六十倏时至。岁月太匆匆。当年豪气消失未？问座上英雄。

记否青春花季，一夜狂风骤起，花落玉枝空。壮志付流水，身世若漂蓬。

闯江海，挨白眼，盼东风。人生苦短，偏遇荆棘路重重。

历尽凄凉百景[①]，看破浮华幻影，更觉友情浓。今日同欢聚，一醉笑秋枫。

注：①“凄凉百景”为本地方言口语，比喻在人生中历尽沧桑、几经飘零，在倒霉时候遭受的种种遭遇。

毕业四十周年聚友谊酒店即席（吕烈，2006 年 8 月）：

山珍那及友情浓，踏拍歌随昔士风。
捧腹当年曾面赤，吹牛此刻籍酡红。
仕途误在人缘薄，家境还从梦里丰。
多少心酸磨旧事，如今都付笑谈中。

相信读者们读了上述诗歌，均能独立思考，笔者就不再画蛇添足了，就让我们一起来赏析下面当初诗人所写的一篇“调侃式”散文吧！

感言“老三届”(吕烈,2006 年 8 月):

这里,有我们青春的憧憬,记录着我们沉重的步声,烙下我们拼搏的痕迹,印记着我们厚重的人生。当我们再一次回味那甜酸苦辣的岁月,是喜悦?是哀伤?是沉思?是感慨?也许都没有,只有像薄荷精冲上脑门一样的凉意。

“老三届”,这个让现代“80 后”“90 后”们感到困惑的字眼,却带着独特的标记,降临到我们的头上。曾几何时,短暂的童年是那样的局促。而青春,正带着激情在燃放,忽然间,天和地撕裂,理性和感情发生了碰撞。等到醒悟时,又堕入另一个深谷。拼命挣扎,互相提携,终于,我们抓到了救命的稻草,浮出了水面。

我们是人。人的职责像鞭子抽打着,我们也要生活,开枝,散叶。为了做人,我们打拼过,磨砺过,也曾收获过。每个人都有过亮度、大小不同的光环,有人的光环至今还闪烁着,而多数的只有刹那的闪耀,甚至还不能引起旁人注意。

“老三届”,真不明白何以当我们年轻的时候就被称“老”。等弄明白“老”是什么,头发都白了。不能说时不与我,造物曾不止一次给我们机遇。不会驾驭,不会利用。传统教育只告诉我们什么是良知。也许我们不懂心计,可是我们心情舒坦。现在,不又提倡恢复传统教育了吗?可爱的“80 后”“90 后”们,嘻嘻,该你们了。

(九)今日喜见蒸霞朗,告慰却难寻吕翁

重读吕嘉先生《送杨必成君上大学》依韵赋赠杨必成(吕烈,2006 年 5 月):

当日耆英赋大风，为资瑁励语豪雄。
卅年逆溯龙舟水，此刻先登泰岳峰。
汗雨催开千里绿，思维独树一旗红。
今日喜见蒸霞朗，告慰却难寻吕翁。

附：吕先生原玉（1978 年 1 月）

欣逢盛世起英雄，物应其时各奏功。
勋业待人才干备，高飞凭鸟羽毛丰。
韶华易逝行应惜，科学难能关可攻。
心要虚兮身要健，尖端有志自登峰。

1978 年的早春 2 月，杨必成入读华南师范学院数学系本科。临行前家乡父老、当初的学友及下乡时的农友吕通同学的父亲吕嘉老先生写了一首诗赠杨必成，鼓励莘莘学子杨必成：尖端有志自登峰。30 年来老先生的诗一直激励着他攻克数学难题。回乡时杨必成把该诗拿给吕烈看，诗人有感而发，依韵赋赠一诗，而诗中的：“汗雨催开千里绿，思维独树一旗红”成为经典名句，被多家报纸杂志采用，以形象描述杨必成的追梦数学事迹、历程。

话说回来，当初杨必成考上大学，是单身汉一身轻，无所顾虑。而同样考上大学的吕烈同学就顾虑重重了！他已成了家，参加高考那一天，刚出世的婴儿才四朝（天）。他是本着可有可无的心态参加高考，考前也没有进行系统的复习。后来考取广州中医学院本科，学制 5 年。此时吕烈犯难了！去吧，上有老下有小，家里有双目失明的老母亲——退休多年的欧淑兰老师（欧老师原是廖仲恺夫人何香凝的表妹），怎舍得放下家庭重担让妻子胡少玲一人承担。然此时，深明大义的岳父胡奋志站出来了说：千载难逢的机会，去吧！老人家在家门口角落的旷地上搭盖了一所简易房子，让女儿带着小外孙回娘家住，让吕烈背着失明的老母亲也住进了胡宅面前的简易房子里。一家人帮着侍候老人和小孩，让吕烈安心到广州学医。后来，吕烈的妻子胡少玲的事迹刊载在《南方日报》，并被评为“现代好妻子”，受到省妇联的嘉奖。吕烈深情地在他的诗集里收录了他的词《西江月 · 怀念岳父（三首）》。其中在第三首中描述了老岳父的个性：

爱与知心交往，懒同权贵相酬。
擦鞋哲学未曾修，运动常遭斗臭。

也收录了他写给妻子胡少玲的几首诗，其中《赠妻》的第四首是这样写的：

迟迟大学果相邀，激起平湖几度潮。
两意难分何戚戚，五年此别恨迢迢。
稚儿憨憨烦卿乳，瘫母垂垂折汝腰。
吾往岐山摘美玉，归持翠璧饰君髫。

读后，令人掩面泪奔之余，亦感悟到：人间真情，笔底烟霞。这就是诗歌的魅力所在。

吕烈读了五年中西医，毕业时成绩优秀，学院百般挽留，要他留院任教或读研。可吕烈归心似箭，亏欠亲人的爱太多，他要回汕尾老家侍奉老母亲和照顾孩子，毕竟是忠孝不能两全！他把毕业后的关系带回海丰，县卫生局如获至宝，一定要把吕烈安排在县城彭湃医院当医生。可吕烈又不干了,向卫生局领导提出:不让安排回汕尾,单位宁可不要了。自己还念叨着,就在二马路边摆张桌子为人看病。后来,终于安排吕烈回汕尾红十字医院工作。

然他心中的那片海就是诗歌的海洋,为了他热爱的诗歌创作,在20世纪90年代,趁着人们纷纷“下海”经商之机,他也在医院里申请了“停薪保职”,跳槽出体制外,成为“单干户”,开了小诊所市井悬壶,也开辟自己诗词的“一亩三分自留地”。他曾说过:行医,只是一种谋生手段,自己骨子里喜爱的是诗歌创作。作为性情中人,他要追随古先贤的足迹,寄情山水,他在诗中的描述是“皇粮不羡逍遥惯,改我顽皮难上难”。都说愤怒出诗人,他也要在他的诗词中发发牢骚,歌颂真善美,鞭挞假丑恶。从此,诗人心里是自由了,然市井悬壶,他的小诊所里,来求医问诊的人太多,恰似“陋居人挤迫,反增亲切”,写诗的时间是挤出来的。

至2007年秋,历经十多年的创作,吕氏终于“喜看心血成甘果”,他的第一本诗集《医余集噫》在中国文联出版社出版了。他在诗集开头的“作者自述”中是这样写的:

野老本是凡夫,生于1947年,大地欲苏。读书,未能则仕;为医,又无建树;学诗,总缺些天资。能说粤语,幼居广府;会讲福佬,海丰长住;识煲冬瓜,拜入校所赐。说话总支支吾吾,因为每种话都不能操控自如。广州人说我“乌里单都”,潮汕人说我“番巴里西”,北方人说我“打错雷下了场囫囵雨”。却偏要卖风雅弄文字。如今还出甚押韵诗。初拟名“医而善嘶”,雷先生说不如“医余以议”,还提笔题名曰“医余集噫”。诸位要是撑着没事,大可以拿本哼哼试试,包你胃肠减压效果显著。

（十）敢向权威斜白眼，胸储自有玉玲珑

必成兄自美利坚返，枉顾寒庐（吕烈，2008 年 10 月 5 日）：

一

夜半敲门惊骇客，风尘未扫话开匣。
我挨大棒怕权威，尔著小鞋遭大阀。
互笑云程枳棘多，相期学海兰舟发。
闻君新酿绿醅醪，香透重霄封不煞。

二

腾飞无谓只依风，我有雄心上九重。
莫按葫芦剽古板，当场羽翼搏霓虹。
名流点拨嗤之鼻，道学闲言白与瞳。
成败岂由相授受，锲而不舍为初衷。

三

霸王怎肯过江东，睨视流泯不苟同。
鼠学无非依腐朽，凤栖岂必定梧桐。
只能俯首难称杰，未识横眉可是雄？
敢向权威斜白眼，胸储自有玉玲珑。

上三则诗收录入中国文联出版社出版的《逸而尚嘶》诗集第82～83页。这也是诗人正式出版的第二本诗集。诗人在他家里将该诗稿送给数学家时，曾说，这是他写得比较满意的诗，缘于其直抒胸臆。

2008年7月，杨必成教授远涉重洋，参加了在美国举行的第五届非线性分析国际会议，他在大会上用英语做了45分钟发言，系统地总结参量化思想与抽象化刻画在希尔伯特型不等式理论研究的应用，以纪念该不等式创立100周年。作为一个黑眼睛、黄皮肤的中华儿女，能够站在位于全球数学研究核心的会议讲台上，用东方思维演绎西方数学理论，他的发言，获得了“蓝眼睛、白皮肤们”的阵阵掌声，使他感到为国争光无比自豪。

返国后暑假期间回家乡汕尾探亲，已晚上十点多了，数学家还拉着我一起来到诗人家里“打卡”，滔滔不绝地谈起了在美国参加国际数学家会议的所见所闻。谈到了他的45分钟发言，主要是综述了“希尔伯特型不等式”自1908年发表100年来的发展过程。他的发言也得到国际数学界的认可。听着兄台的述说，我作为门外汉，简直是“鸭仔听雷”。而吕烈兄却听得津津有味，并时不时插话。然后，数学家又话锋一转，谈到了他的数学研究方向及成果，在国内并不被人认可，被认为是“非主流”“重复论证”，甚至诋毁为“沽名钓誉”等。而诗人认为：“我挨大棒怕权威，尔著小鞋遭大阀。”诚所谓：“鼠学无非依腐朽，凤栖岂必定梧桐。”诗人实际上是鼓励数学家，让成果说话，一条正道走到底就是了。令人惊奇的是，诗人用形象思维评述抽象思维，又是一条“1+1>2”的不等式。

（十一）休提侥幸，是历尽辛苦

摸鱼儿·读《杨必成——追梦数学之旅》赠杨必成先生（吕烈，2010年9月22日）：

忆当年，疾风横扫，青春抛作残絮。世人都说深山好，争奈把春耽误。

留不住，只能走。一川迷惘无头路。志存高远。

见倔强杨君，直追奋起，宵旰听鸡舞。

时光转，盼到东方欲曙。

多年沉积今吐。棘园草就惊天赋。赢得掌声无数。

擒猛虎，敢争拼，喜君乘胜三通鼓。鸿篇如注，算道说生成，休提侥幸，是历尽辛苦。

科技部主管的杂志《科技中国》第10期刊登了采访文章《杨必成——追梦数学之旅》。文中报道了杨必成一波三折的求学道路及富有传奇色彩的治学历程。杨必成回乡之时，将该杂志送了一本给吕烈老同学。作为诗人，看了报道触景生情，就为杨必成忆起了当年，并为之擂响了咚、咚、咚的“三通鼓”。诗人非常清楚数学家一路走来的波波折折，才能填出以上充满感情且富有深意的诗词。

一是：命运捉弄人。杨必成初中毕业考不上高中。其实当初家乡只是一边陲小镇，文化程度普遍偏低，中学生也是一稀罕名词，能读到初中毕业出来打工做事就很不错了。那年他15岁，可当时是三年经济困难时期，顾肚要紧。然屋漏偏逢连阴雨，父亲“公社化”后被开除出教师队伍，家庭失去了主要经济来源，杨必成还有5个弟弟妹妹，全家8口人仅靠当小学教师的母亲（月工资47元）微薄的收入维持生计，其困难可想而知。因此家庭也确实需要把杨必成从“童工”提升为“壮丁”。杨必成认命了，“穷人的孩子早当家”，开始了“打杂”生涯：上山砍柴草，下海摸鱼虾，野外挖野菜，工地当小工，学校当工友，苦捱着帮助母亲度过了三年经济困难时期。本来就这样过日子算了！然两年后却柳暗花明。此时大哥杨必胜在北京大学毕业留校任教，有了工资收入帮助家庭；父亲被汕尾镇照顾安排当民办教师，也有了一点收入。困难时期过后高中放宽了入学条件，坚信“知识改变命运”的父亲，就硬拉着杨必成重新参加了中考，使杨必成失学2年后重读高中。至于3年高中毕业后及后来进入高校的遭遇就不用再提及了，大家都一样。

二是：天妒英才。天灾——下乡时脑袋被雷电击伤；人祸——头部被击打，落下严重脑震荡后遗症。直至1994年，当初的脑坏死才神奇地自动痊愈，也算是“重生”了！但重生的路上并非一帆风顺，而须“过关斩将”。

三是：知其不可为而为之。按权威说法：学数学要年轻。可在特定的历史条件下，杨必成却不得不反其道而行之：大学毕业那年考不上硕士研究生，无法走“经院派”的道路，或留学或读研从事数学研究，年纪也大了，被分配到广东教育学院教书。至1994年，折磨了他近28年的脑伤病魔竟奇迹般地消失了。他在将临“知天命”之年焕发起对高水平的数学研究的热情。然天不从人愿！引导他走进数学研究道路的良师益友，年长于他10岁的海丰同乡，原中国科学院数学研究所函数论教研室主任吕以辇研究员，却因用脑过度，患了小脑萎缩症，于1996年早逝！奈何！杨必成只能于教学之余，在数学迷宫中探索着数学的奥秘。直至2009年，中国科技情报中心出版的《2009年版中国期刊高被引指数》记载：2003—2007年发表论文于2008年引用频次全国数学类前20名排名，杨必成名列第二，才让数学家“出了名”。而诗人于2009年又在中国文联出版社出版了他的第2本诗集《逸而尚嘶》。

《摸鱼儿》词中的结尾句：休提侥幸，是历尽辛苦。既是感慨，更是对数学家“路在脚下”的鼓励及鞭策。

（十二）廿载精勤凭毅力，千秋正气贮心胸

赠必成诗二首，步韵和叶良方（2011年8月8日）：

一

谗蜂太密九皋稀，逝水东流忆旧时。
立志何愁云路远，是桐定引凤凰栖。
扶摇今已凌千里，酩酊也来饮一卮。
冰雪如今融殆尽，棘园伫看绿依依。

二

烧土犁荒硬上弓，当时立志岂朦胧。
力从绝境开新象，面对狂澜啸大风。
廿载精勤凭毅力，千秋正气贮心胸。
登峰记取迂回折，回首征程看鸿踪。

附一：叶良方原玉——重逢杨必成教授

丙寅年秋，忽然接到相别三十年的汕尾老棋友杨必成教授的电话，邀我到鹿境西闸丽江酒家聚会。当年所谓出身不好被监督下乡的必成兄，是高考恢复后以30多岁“高龄”夺得全省数学成绩第一名的考生。而今是广东第二师范学院应用数学研究所所长，全国不等式研究会理事长。他在可和性理论、不等式理论及算子理论取得重大成果，是希尔伯特型不等式理论专家。席上，他将在阿联酋出版的英文数学专著《希尔伯特积分不等式》签名赠我。遥忆往事，心潮起伏，即吟诗一首记之：

岁华如水忆依稀，握手丽江话昔时。
万点霓灯渔浦静，一轮蟾魄鹿山栖。
新论玄奥愧凡眼，旧雨难忘倾酒卮。
明日天涯人事隔，相逢何处惜依依。

附二：和韵叶老师赠杨必成教授（曾祥凯　惠州）

当年弈友记依稀，鹿境相逢话昔时。
岁月峥嵘颜已老，天涯漂泊梦难栖。
凉亭共剪西窗烛，盛宴频传腊酒卮。
他日前程千万里，梓乡我辈道依依。

叶良方，1952年12月出生，广东海丰人，中山大学汉语言文学专业毕业。现系中华诗词学会、中国楹联学会、中国文艺学会、中国散文诗学会、中国民俗学会、广东作家协会会员，《诗刊社》创作中心研究员；汕尾市诗词学会（第三届）会长。2008年，《汕尾文史》刊登了杨必成《往事的回忆》一文，叶良方阅后写了几首诗歌发给诗友吕烈，吕烈再转交杨必成。在以后的几年里，每当杨必成回乡，与叶良方相聚交谈后，叶良方总会为杨必成写诗歌，而吕烈总会写诗为叶良方一唱一和，所谓惺惺相惜。

附三：叶良方原玉：读必成兄《往事回忆》即赋

吾与杨君三十多年前曾对弈三盘棋，当时并不知其脑部曾受重创不久，虽思维较迟缓，然与吾弈和，亦汕尾港高手也！今暌违多年，偶读汕尾文史中载其回忆，始知其艰辛经历，感慨系之。

1. 割草歇荷包岭

风雨人生曲折途，读君回忆泪模糊；
采薪百里歇荷岭，望到乡关气力舒。

2. 求学

少年求学苦颠连，废寝攻书数理研，
命运难残追梦志，题名终见拔云天。

3. 对弈

敲枰杨府事难忘，楚汉争锋思绪长；
当日运筹凭小技，如今中外数名扬。

4. 励志

此生便是一头牛，不到黄河不扭头；
问汝何能持远志，心中有数应无忧。

5. 奋斗

几经挫折几经忧，耗力劳心终得酬；

尝遍人间酸涩苦，方知不等式能筹。

6. 成就

雷棍当年频欲诛，造君一个好头颅；

论坛神脑演奇算，始信人间道不孤。

7. 赤子

历经人生百回灾，每念山乡育己才；

长记九龙山涧水，此生无怨见胸怀。

（十三）稿残千篓，喜此日能圆

摸鱼儿·读《数学教授杨必成的“不等式”人生》（吕烈，2014 年 7 月 27 日）：

怅人生，几多酣寐，醒来无影无絮。志存高远波澜阔，溟海始能安渡。

凭毅力，竞心智，迎来晓日东方吐。

劈山填浦，问棘野初开，猛禽凶兽，谁与共弓弩。

科研事，未必繁花满路。征程无尽风雨。

船头才把桅帆扯，忽而又生迷雾。
挨冷漠，苦坚守，焚膏为补青春误。
稿残千篓，喜此日能圆，梧桐倚梦，梦里凤凰翥。

附：和烈兄《摸鱼儿·读〈数学教授杨必成的"不等式"人生〉》（叶良方，2014年7月28日）

太荒唐，是非年代，家门歧视成黑。少年心事存高洁，灯下读书吟壁。
磨铁杵，必成志，天降大任劳心力。
落乡驱地，却棒打头颅，天雷轰击，命硬竟难殛！
经波折，坎坷人生未息。茅寮追梦朝夕。
面朝黄土知天数，荒僻山村难匿。
心砥砺，不等式，风云过尽凌天翼。
探幽鸣镝，正数论连篇，惊人识见，圆梦把星摘。

上一唱一和两首"摸鱼儿"，摸出了人生沧桑。摸出了"科研事，未必繁花满路"，也和出了"正数论连篇，惊人识见，圆梦把星摘"。

2014年7月22日，中国网载文：《数学教授杨必成的"不等式"人生》。吕烈阅后填了上述"摸鱼儿"一词，叶良方又予以唱和，无疑给杨必成注入一"强心剂"。激发了他的灵感，投身于数学理论研究之中。因数学是人类文明的重要基础，它的产生和发展伴随着人类文明的进程，并在其中起着重要的作用，其内涵既博大精深，又丰富多彩，无穷无尽。而不等式仅作为数学理论"分析学"中必不可少的一部分，与很多知识都有着密切相连的关系。近代以来，作为基础数学的不等式，是高中数学的基础理论。运用不等式解题可以培养学生的创新思维能力，也是高考的重点考查内容。曾经有人这样评价说：“不等式的重要性，无论怎么强调都不会过分，它的无穷魅力令人们对它的研究从未停顿过。”在这方面，杨必成可是深有体会的。

当初，杨必成的老屋在汕尾镇花井横巷“杨家大院”的“送合”围内；吕烈的老屋在汕尾镇“李厝巷”里，两家相隔不到200米。从花井横巷往南沿着礼拜堂巷，经过“大井巷”头、“大街巷”头，就到“与草街巷”相通的“李厝巷”了。旧时的汕尾镇，以“中巷”（现友谊路）为界分为东西社区。其地名、巷名均以旧墟镇时摆摊设店的物品较集中的东西命名，如：晡铺町、渔铺町、新渔街、老渔街、打铁街、码头街、麻皮街及凤照街等。

20世纪60年代初，三年经济困难时期，人们无心读书，顾肚子要紧了。过后国家放宽了入学条件，趁此机会，中断了两年学业的杨必成，在父亲的鼓励下，报名参加了中考，学校网开一面，使他入读了汕尾中学高中班。汕中高中部各级只有一个班，每班满打满算也只有40多人。当时，吕烈是考上了位于海丰县城的彭湃中学高中班，读了一学期，因家在汕尾，寄宿县城生活不便，第二学期就转学回到汕尾中学读书了。也许是上天注定的缘分，吕烈与杨必成成为形影不离的同窗学友。当时，学校实行晚自修，离学校较近的学生及住宿生晚上都在学校课室里参加自修，杨必成家离学校较远，跟吕烈一家商量后，晚上就在“李厝巷”吕烈家里结对学习了。杨必成学习时偏重理科，精通数理化，吕烈学习时偏重文科，但对理科也不排斥。两人一边学习一边讨论，有时对某一问题有不同看法时也进行激烈的争论。高三那年，吕烈不知从哪里弄到了一本苏联人编著的数学高考试题集，对数学感兴趣的杨必成就一头钻了进去，他把2 000多道苏联历年数学高考试题都做完了。

吕烈注重文科，对枯燥乏味的数学试题只做了一半就转向钻研其他科目。不管怎样，高中时期，他俩都成了班里的佼佼者，“文理双子星”。毕业那年，当时是高考前先填报高考志愿，而且填志愿也有名额限制，按照汕尾中学分配到的填报志愿名额，学校把仅有一名填报清华大学的志愿名额安排给吕烈填报，把仅有一名填报北京大学的志愿名额安排给杨必成填报。正当他们摩拳擦掌，准备着十多天后的高考时，“文化大革命”开始了，暂停了莘莘学子的求学梦想。自后，他俩就各奔东西了，而吕烈的境遇，从他的一首词中便可知晓：

附：水龙吟·忆早年（吕烈）

早年历尽悲凉，亲朋冷落身孤单。长年白眼，一床破箦，三餐潦粥。

沦落底层，消磨大志，月薪廿六。使龙游浅水，鱼虾戏谑。

当猴耍，形同鹄。庙小偏多竞逐。靠山头，便加官禄。

我心韬晦，不求闻达，管甚荣辱？性洁遭疑，才高惹妒，果遭荼毒。

纵男儿有泪，只流心底，以歌当哭。

（十四）自由品格沐春风，独立胸襟悬皓月

青玉案·读《科学中国人——大器晚成》（吕烈，2015年1月26日）：

廿年磨砺求参数，一把剑，荆途舞。独立精神心血注。

燃犀窥豹，入经如蠹，赢得珊瑚树。无端最是荒山处，炼骨偏

能把人铸。

机遇原非天眷顾。自由思想，顽强毅力，闯出光明路。

读《科学中国人——锲而不舍》（吕烈，2015年1月27日）：

男儿逆境英风发，横扫群山山突兀。
俗谛千重莫可拦，闯关一意终无歇。
自由品格沐春风，独立胸襟悬皓月。
万里鲲鹏起北溟，时空黑洞能穿越。

2015年1月，中国科技部主管的杂志《科学中国人》2015年第1期刊登了该刊记者祝传海的采访文章：《锲而不舍、大器晚成——记广东第二师范学院应用数学研究所所长杨必成》。描述杨必成廿年磨砺，填补了数学史中希尔伯特型不等式的理论空白。

作为一贯支持杨必成搞数学研究的吕烈，看到该报道后，连续两天，头日写词，次日写诗，而诗与词主题的宣扬，就是自由品格和独立胸襟。其实是情感相通，也是诗人个人的心路历程。

1966年后，吕烈与杨必成聚少离多。杨必成下乡山区当农夫，吕烈因要照顾已退休的老母亲而留城。虽免去下乡的劳苦，但昔日的小城镇就业门路不多，吕烈只好在街道居委会办的小企业里当一名业务员。至10年后的1975年，杨必成被招工回城当一名民办教师，俩人才有了相处的机会。1977年秋相约高考考场；1978年初同在省城广州，虽不同院校但节假日中也经常相处谈心。吕烈从中医药大学毕业后回到汕尾镇，被安排在香州卫生院门诊。一次偶然的时机，被当时的汕尾人民医院院长蔡棠发现，马上就把吕烈调到汕尾医院，主持中医门诊。算是专业对口，日子是安定了，也可照顾到家里的老人和小孩。此时的吕烈已年过不惑，平时在医院上班，行医就诊也大受前来问诊的病者欢迎。可在内心里，他适应不了体制内一些人际关系，也适应不了随波逐流的“大锅饭”生活。现实状况使他烦恼、浮躁，在潜意识里，他的爱好是诗歌，想象着寄情山水，呼唤着“独立、自由”。因此，在将近“知天命”那年，他做出了一个大胆的决定，在人们挤破脑袋要进入体制内的年代，他“跳槽”了！从医院里停薪保职，办了个体行医执照，在自家的小诊所里，一边“市井悬壶”行医问诊，一边从事着他爱好的诗歌创作。

（十五）勤砥砺，探索能知堂奥

洞仙歌·贺杨必成获“科学中国人2014年度人物”等八项大奖（吕烈，2016年1月4日）：

文章雁塔，付出知多少？四十余年白眉老。
咬牙筋，独立方显精神。勤砥砺，探索能知堂奥。
似离离野草，郁郁堤杨，历尽风霜更缭娆，
问伯乐伊谁，冷凳萧斋，须耐得，几多纷扰。
却直入南溟觅龙泉，壮志作燃犀，浩天光耀。

2014年11月，杨必成教授在被学院延聘8年之后办理了退休手续。虽然是无职一身轻了，其实是退而不休，他还保留着应用数学研究所所长一职，继续带领科研团队，开展科研、培养后学。个人也调节了生活节奏，回家乡探亲及与吕烈相聚聊天的时间也相对多了。数学家的数学研究更迈进了新的台阶:其数学专著由斯普林格出版社出版,其书写的数学论文大部分由 SCI 收录;2015 年,他三度进京城,喜获八项褒奖,包括

(1)荣获“科学中国人 2014 年度人物奖”。网上公示提名获奖的理由是:杨必成是国际数学界的斗士,1994 年至今 20 年来,他秉持独立思想和自由精神,专注于破解“无冕数学之王”大卫·希尔伯特的“希尔伯特不等式”。首创参量化数学思想方法,拓展了经典的哈代-希尔伯特型不等式理论,系统建立起杨-希尔伯特型不等式及其算子刻画理论,硕果累累。该理论涵盖了 12 种不同门类的希尔伯特型不等式,填补了该领域 60 多年的理论空白,使国际数学界重燃对希尔伯特型不等式的研究热潮。

(2)荣获 2015 年度中国科技创新突出贡献人物奖。

(3)荣获 2015 年度中国教育创新创业领军人物奖。

(4)荣获 2015 年度广东第二师范学院优秀科研工作者特别奖及科研贡献奖。

(5)科研事迹入编《永远的旗帜》台历版首页,并由世界华人文化协会授予“中国创世纪璀璨之星”荣誉证书。

(6)《科学中国人》杂志载文《锲而不舍 大器晚成》,报道杨必成教授的科研业绩。

(7)2015 年 4 月 8 日,《科技日报》载文《杨必成:摘取自然科学中的明珠》。

(8)由中国言实出版社出版、中国文化信息协会编辑的大型史册《汇聚正能量　共铸新辉煌》载文:《自由品格沐春风——记杨必成教授的追梦数学之旅》,生动、细致地描述了杨必成大半生的科研历程。

题外话:在人们的眼里,数学家们似乎是一个个板着脸孔的“呆相”。而诗人吕烈,以文理相通渗透交融的笔法,用诗歌的形式描述数学家,体现了富有时代特色的个性特征。你看,诗人是这样描述的:“残稿千篓,喜今日能圆,梧桐倚梦,梦里凤凰翥”,用诗歌把抽象、枯燥的数学研究写活了!

(十六)拆芯寻战虎,卷叶作胡笳

遮浪海边遇萝莞(吕烈,2016年2月13日):

昔日无边际,青丛遍海涯。
拆芯寻战虎,卷叶作胡笳。
徒具防身刺,毋开钓誉花。
近年踪影绝,忽而见芳华。

附:和吕先生《遮浪海边遇萝莞》(王心洁,2016年5月)

春日冷香祭,嫣红瀚海沙。
谁遗浮名慧,声影且由他。
疏花不解意,烟笼亦为画。
韶年箫笛绝,清影只天涯。

2016年的春节期间,诗人与数学家及同窗好友李卓杰医师,结伴前往位于汕尾市区东部的遮浪半岛,参加红海湾诗词协会成立活动。他们在旅游景区散步期间,看到不远处的岩石下,海滩边,生长着一丛萝莬林。吕烈就兴冲冲地走向萝莬林下拍照留念。萝莬是一种野生植物,叶状带刺,适应力极顽强,长年历经海浪及风雨侵袭,还郁郁葱葱,充满着沧桑感。诗人是咏物抒情,抒发出一种"忽而见芳华"生生不息的情怀。其实,阅读诗人的诗歌,他写了大量的咏物诗,特别是花草虫物,他总是拟人化地用独特的眼光描写各自的特点和个性化,同样,也包含着诗人个人的好恶。现摘录部分如下:

杂曲:(正宫)醉太平·咏竹(吕烈):

(1)爱竹:

清唯雪似,节共云齐。风霜欺压不知疲,天生正直。雨细细无声被解成闹脾气,骨碌碌殷勤被认作贪钱币,恬淡淡虚心被误会少才思。谁怜瘦姿?

(2)恨竹:

房须绕竹栖,食要白斩鸡。垂竿冒死钓龙螭,凭的是眼尖手疾。捧上司舌如簧嫩苞藏蜜,报成绩舞长袖叶开遮日,敲竹竿骂由人节外生枝。够鄙够鄙[①]。

注:①够鄙,即广东话"够本","够着数"的谐音。

(3)悯竹:

公孙瘦身,君子安贫。岂招岁月总浸淫,苦难自禁。轰哄哄闷雷夺魄惊成阵,浪滚滚狂涛卷土必为汛,呼刺刺暴风披簭更连根。怎么厝身?

然而，他不跟风，也不按常理出牌，他在杂曲《中吕·道和》中写道：

(1)牡丹：誉魁，花魁。名标贵谱众芳随。害得捧星一族慕名追。……。只要名堂大，不花不果也撑着门面挺神威。

(2)赞美绿杜鹃：盆盆热火向朝晖，三角梅……，世俗也，只重派系认资辈。也斜眼，便一声呸。

再，他对鸡冠花的评价是：

不发横条不媚颜，昂头人爱种鸡冠。
明知难入他人眼，不篵蓝盆育牡丹。

然他在《相见欢·牵牛花》一词中，就不客气了：

生来软骨多花，慕浮华，硬是不避风险往高爬，
报成绩，三分饰，七分夸，谋事于今岂可靠喇叭。

(十七)十载寒斋，十年探索，再历十年囊雪

念奴娇·读《独立胸襟悬皓月》(吕烈，2016年6月26日)：

丈夫雄起，纵急风恶浪，扬帆飞遏。岂信雷霆欺侮久，良木必然奇崛。

十载寒斋，十年探索，再历十年囊雪。顽强独立，始将关

隘穿越。

沿路多少雷池，异军搏杀，沥尽殷红血。

面对鲸鲵能说不，方显学人风节。信马扬镳，中流击楫，眼镜权威跌。

愿君抟笔，再书芸锦千页。

为纪念杨必成教授从事数学研究30周年，国内杂志上刊登了描述数学家治学道路的长篇通讯《独立胸襟悬皓月》。诗人阅后产生了共鸣，写了上述“念奴娇”一词送杨必成。词中形象地进行了概括：十载寒斋，十年探索，再历十年囊雪。充分体现了“荣誉得来非造化”的意境。都说从政求同、做学问求异，而诗人与数学家都是特立独行的人，长期以来也是惺惺相惜，求精神境界之同而存文理追求之异。一个发表数学论文、一个创作诗词曲赋，所谓异曲同工。数学家从诗人写给他的诗歌里汲取养分，诗人从稀奇古怪的数学符号中产生灵感，抽象与形象产生了完美的结合。我想这也是一种“方显学人风节”的高尚人格的人文精神吧！

（十八）渐息苍生百岁忧，老怀坦荡复何求

读必成兄七秩赠诗（吕烈，2017年10月23日）：

渐息苍生百岁忧，老怀坦荡复何求？
一生傲骨频添堵，独特行藏更引尤。
赋月穷途难倚马，回春乏术効鞭牛。
休云率性多烦累，免为清风搔白头。

在吕烈诗人七秩之际,数学家写了一首小诗为他祝寿:

赠吕烈七秩寿诞(杨必成,2017 年 10 月 23 日):

一生傲骨,特立独行。诗文惊世,医术超群。

你看,诗人和数学家在一唱一和中“互相扯平”了。长期以来数学家感到与诗人的合作共赢,他是由衷地赞赏诗人并为诗人祝寿!他也常说:知我者吕烈也!然每回家乡时白天他很少到吕宅,偶尔去,看到小诊所里外三层,扶老携幼排队看病,他也会感叹:“市井悬壶是再恰当不过了。”

然诗人不这么想,他不按常理出牌,也很伤感!他对数学家的回复是:

傲骨添堵,独行引尤。赋月穷途,回春乏术。

如要了解诗人,可从他隔年写的诗略见一斑:

七十晋-自寿(吕烈)

1. 世途

少年为许识披猖,跃跃豪情欲傲霜。
初入棘丛逢赤马,到登觉岸悔青肠。
若教暴力皆封赏,定至斯文老受伤。
大梦醒来疑失忆,欲书感慨忽彷徨。

2. 学诗

热望经年置腹推，鄙求深浅自为媒。
痴心或可怜狐鬼，生气尤难借雨雷。
放浪三唐应可继，清神七子岂能追。
如何援笔多浮躁，或者前身是弱灰。

3. 悬壶

欲为乾坤扫瘴风，还他造化碧玲珑。
得心已是凭全力，有效无非屡折肱。
莫畏岐山堂奥秘，因经苦海意花通。
好生记取天心德，惭愧悬壶枝未工。

看了诗人对数学家的回应，不由感叹，如果不是大境界的人，早就飘飘然了吧！

（十九）棘路遥遥苦探索，射得长空大鹰落

绕佛阁·读《杨必成与杨–希尔伯特型不等式理论》（吕烈，2018 年 5 月 22 日）：

志存卓荦，无际学海，犁浪开拓，何惧沟壑。只知棘路遥遥苦探索。

几多寂寞，多少鼓舞，应似雕凿，磨砺魂魄。挽弓射得长空大

鹰落。

彻夜案头冷，直取参量顽拼搏。须为后来诸家传锁钥。

向古燧探微，思想飞跃。火纯金铄。领共好前行，清涧同濯。

便赢来，万千花萼。

每当数学家回到家乡，总有人问他：你搞数学研究，有没有现实意义？而他只能置之一笑。正如诗人在上述诗中所说：无际学海。茫茫数学海洋中，分析学仅是数学中的一个分支，而不等式又是分析学中的一个小分支。以 20 世纪初的伟大数学家大卫·希尔伯特名字命名的“希尔伯特不等式”，也只是整个不等式学科中的其中一条。然其要旨深刻，诱人求解思索。

多年来，杨必成带领着他的科研团队，通过不断地推算、演绎、破解，终于在国际数坛中形成了“中国学派”，将该不等式拓展为庞大的有 12 个门类的应用科学理论。因此，诗人曾有备注说明：

有人认为，中国人没有科学突破，只会抄袭。杨-希尔伯特型不等式理论体系的建立，说明中国人在科技理论系统的建立，是大有作为的。

（二十）崇山觅径岂徐行，逆水之舟唯奋进

杨必成教授作《追梦数学路》有赋（吕烈，2018 年 12 月 28 日）：

遭逢几作鹤琴焚，成败萧何汕尾镇。

磨砺丁年苦练兵，解牛今日正游刃。

崇山觅径岂徐行，逆水之舟唯奋进。
已历龙雷百劫身，恰宜夺锦东风趁。

经过了多年的拼搏，经过多家媒体的报道宣传，杨必成教授总算是“报纸有名、广播有声”了。2017 年 10 月下旬，杨必成应邀访问桂林电子科技大学，并应邀向该校研究生做了名为《我的追梦数学路》的励志报告；12 月中旬，又应邀在广东第二师范学院（花都校区）给数学系学生做同一课题的励志报告。寒假回家乡后，又将该文章送吕烈等诸学友。

诗人此时是响鼓用重锤，他也深知，年过古稀之人，也该颐养天年，歇一歇了！但他更深知，精神的力量是无穷的，数学家是拼命三郎，满脑子数学公式及应用，不写出来更难受。从感性到理性、从量变到质变，诗人在诗歌里，从解牛游刃到崇山觅径，催动着数学家，追梦数学路还得走下去呀！我还得用感性认识的诗歌，推着你理性地钻研数学理论啊！

（二十一）老大回游万千感，当时真的史无前

汕尾知青下乡 50 周年聚会活动有感（吕烈，2018 年 12 月 20 日）：

征鸿旧迹未如烟，倚梦相缠五十年。
旧习千年待改革，春风吹拂好耕田。
山乡巨变伊谁在，人物殊非故事传。
老大回游万千感，当时真的史无前。

2018 年 12 月 20 日，原汕尾中学 100 多位下乡老知青，结伴回到他们当初插队务农、半个世纪来“倚梦相缠”的乡村。走一走、看一看，探望那些留守山村还健在的老乡们。此时，诗人应数学家之邀也随行前往。当晚，“智叟”们聚餐在莲花山度假山村，席间诗人写了上述一首诗，在晚会场上即席吟读。

之前，诗人于 2016 年他们高中毕业五十周年时，也填了一首杂曲《南丽一枝花 · 夏日和秋天的故事》赠给数学家，里面曾描述了知青下乡时尴尬的境遇，及反思后来“回城自愧一身疚，吹箫市上白眼羞”等的遭遇。

当初，诗人因“瘫母垂垂折汝腰”，留城照顾老母亲，没有下乡，可日子也好不到哪里去，他在《忆早年》一词中也写道：“早年历尽悲凉，亲朋冷落身孤独……。”那个年代的境遇都大同小异，不存在五十步笑一百步的问题。当然，下乡故事就说不完了，加上多年来的电影、电视剧、文学作品等都有很多的描述，有些还很有深意。在这里我也赶时髦添点“插曲”，回顾点那段“蹉跎岁月”，算是“画蛇添足”吧！

1. 倚梦相缠五十年

1968 年 11 月 23 日至 1969 年 9 月 13 日，汕尾中学有 200 位学生离开校园，分 5 批下乡到海丰县北部的公平公社西山大队（4 个自然村），平龙大队（8 个自然村），黄羌公社松林大队、建林大队、东岭大队（10 个自然村）。1969 年 9 月 13 日，又有 34 位学生下乡到西坑林场、黄羌林场（4 个自然村）；此后，又陆续于 1970 年 8 月 25 日至 9 月 7 日，54 位学生下乡到海丰县陶河公社陶西大队（2 个自然村）、陶北大队（2 个自然村）、霞雅大队（1 个自然村）、霞西大队(1 个自然村)、雅卿大队(1 个自然村)。从此他们有了一个新的名称:知识青年。

2. 劲春最怕茅寮漏

知青们下乡的头几个月,上级下拨了几个月的生活费、粮票,各个村的知青集体聚餐,参加生产队的集体劳动,记工分,日子还过得下去。但次年夏收后,上级中止了补贴,知青们就正式成为农夫了,与村民一样直接参加生产队的分红,然集体所分口粮(每造约 100 多斤稻谷),远不够填饱肚子,工分分红更是低得可怜。知青与村民们一样,都是以番茨作为主粮了。断了生活补贴和粮食补贴,知青集体户也开不下去了,就只能“分锅头”,八仙过海、各显神通了。所谓:米尽钱空,涩过老猴;知青历练,变作智叟;风流潦倒,只好盲流。尴尬的是,随着时间的推移,知青们竟成了“被照顾对象”。好心的村民、村妇们,经常拿一些自留地里种的蔬菜,秋、冬家里都腌有的酸菜、菜脯(萝卜干),接济可怜的知青们。

那年代,修水利渠道、建水库等都流行派“公工”,即公社将任务下达到各大队,大队再下达到生产队。碰到农忙时节,生产队里腾不出劳力,上面的任务必须完成,这时无牵无挂的知青们就派上了用场,他们打起背包,到几十里外的水利工地里“吃社”了。在水利工地,每完成一个劳动定额,可回生产队里记 10 分工分;水利工地也有粮票、鱼票、肉票和每日定额几毛钱的生活补贴。虽然修水利拖独轮车上下坡,劳动累是累,可能填饱肚子,不必占用自己的口粮,也就谢天谢地了!不久,也有少部分知青上调到大队或自然村的小学里当民办教师。当民办教师的好处是,每月 300 工分,口粮由大队统筹向各生产队摊派。教育部门还发每月几块钱的生活补贴。知青们都将当民办教师作为“跳出农门”的初级阶段。话说回来，毕竟当时为普及农村孩子的初级小学教育，知青们是起了大作用的。

3. 洪炉炼骨早日收

然艰苦的劳动，无聊的日子，贫乏的精神生活，使“扎根”游荡在村里的知青们“自暴自弃”地“恶作剧”也多起来了。嘴馋了：“苦的是，切丝薯叶作卷烟抽；乐的是，三更半夜把母鸡偷”，习以为常了。而山村里每个村子的前面都挖有一口大鱼塘，既可蓄水又可在春天放下“四大家鱼”的鱼苗，入冬后春节前，全村劳力就在鱼塘里忙活，水车车干鱼塘水，抓了鱼后，每家每户都可分到几斤鱼过年。知青们偶尔也会偷偷摸摸地用小网兜捞上几尾塘鱼打打牙祭。可不敢多捞，被村民发觉会引公愤。前前后后短的五六年，长的 10 年，“智叟”们总算陆续地离开了被他们“滚搅”过的村庄，招工的招工、回城的回城、投亲靠友的投亲靠友去了。

4. 可怜热血几度休，喘月比吴牛

吴牛喘月的原义是吴地水牛见月疑是日，因惧怕酷热而不断喘气。下乡的日子里，对农耕文化感受较深的，也是生产队里那几头在“公社化”时被拉入社，后已瘦骨伶仃的老黄牛了！集体所有制下的农村生产力低下，干的农活几乎都是刀耕火种。平常负责犁耙田的就靠耕牛了，然集体化下“公”牛瘦得只剩骨架，干农活时，还要把一个用竹条编织的“牛咀笼”套在牛的嘴上，防止其在犁地时偷吃庄稼。在知青屋的邻居一农户，当时家里养的一条牯牛被无偿牵入“社”（人民公社“一大二公”时期耕牛等“四大农具”均归集体）。每当牧童牵着老牛从村头牛栏里走过原来的家门口时，

老牛总会停下来，嗷嗷地叫几声，这时一名叫“娇姐”的村妇，马上从家里拿出用木桶装着的洗米水掺着番茨、菜叶等，让老牛吃上几口，才依依不舍地让老牛下地干活。每当娇姐与知青们聊天时，总是眼泪汪汪地诉说着她家里的这头苦命的老黄牛，“入社”后如何得不到好的照顾。

（二十二）春风桃李丹心壮，秋水蒹葭白发滋

定风波·读《寒门如何出贵子》（吕烈，2021 年 4 月 6 日）：

教出儿孙杜若香，沉移树则是良方。历尽艰辛豪气在，出彩。
冰心可鉴闪瑶光。功过从来多反转，休叹，已将碧血洒乡邦。
磊落一身花烂漫，谁赞？箕裘清白喜弘扬。

2021 年 4 月 7 日，由《汕尾日报》记者郑冰利撰写的《“寒门”是如何出贵子——记革命伉俪杨耿仪郑芸的育儿之道》，发表于下列 24 个网站：

（1）中国访谈；（2）中华人物榜；（3）今日头条；（4）网易；（5）中国教育科学；（6）朝闻天下；（7）媒体中国；（8）腾讯；（9）中华网；（10）华夏小康；（11）凤凰网；（12）华夏文学；（13）知乎；（14）幸福生活；（15）国企网；（16）央视在线；（17）朝闻天下；（18）中红网；（19）创头条；（20）法治与社会；（21）百度百家；（22）中国教育文化；（23）新浪；（24）新时代人物。

吕烈阅读原文后，填了上面《定风波》一词赠杨必成。词中以“磊落一身花烂漫”赞颂了杨必成的父亲母亲。

话分二头，各表一支。其时，对杨必成的成长影响最大的是父亲杨耿仪（1916—1987），父亲抗战初期加入地下党，参加抗日战争，是当时“海丰县青年抗敌同志会”的负责人之一，曾任中共海陆丰中心县委青年委员。1941 年日军侵入海丰时，携家带口逃难异乡，期间又遭国民政府通缉追捕、政治迫害，遭遇坎坷。中华人民共和国成立后，父亲为中学教员，因所谓“历史问题”在历次政治运动中遭排挤打击，一度被开除公职，改革开放后才平反落实政策，恢复离休待遇。当初，父亲感到青年时期报国无门，中年时期也郁郁不得志，感到此生难有作为，就把全部心血都寄托在培育子女身上。当初，父亲为孩子取名时的家国情怀是：抗战必胜、建国必成；培养孩子读书的理念是：文科必胜、理科必成。由于时代背景的不同，孩子也就有了不同的境遇。大儿子杨必胜算是顺风顺水读上了北京大学，也省去了父亲的操烦。二儿子杨必成却是逆风逆水，求学路上一波三折，父亲也就倾注了全部心血，如影随形地陪伴和勉励了孩子 20 年。父亲的期望，成为青年杨必成搏击人生道路上的原动力。父亲坎坷的遭遇和经历，也激励着杨必成，在漫长的治学道路上，要为长期受屈的老父亲，“不蒸馒头争口气”！

话说回来，对大哥杨必胜影响最大的是母亲郑芸（1914—2003）。这里面有因果关系，那是在 1957 年的夏秋之交，杨必胜高中毕业后参加全国统一时间的高考，当他在考场上看到高考的命题作文是《我的母亲》这一题目时，好母亲的形象跃然纸上，便文如泉涌，一气呵成了。作文得到了高分，杨必胜考上了北京大学中文系。

母亲早年参加大革命，随未婚夫林君杰上山打游击，林君杰原是中国工农红军第六军第十七师第四十九团副团长（后整编为“红二师红一团”，任团长），1930 年底在陆丰激石溪战斗中牺牲。父母亲于 1935 年在汕尾文亭学校一起任教员期间结婚，抗战爆发后，1938 年又双双加入地下党，投身于抗日救亡工作，母亲是汕尾地区妇抗会负责人之一，也受党组织委派，参加过东江华侨回乡服务团。中华人民共和国成立后母亲负责接管汕尾小学，任汕尾第一完全小学校长。当母亲获知林君杰烈士的母亲谢氏，在梅陇墟孤独生活时，就毫不犹豫地把老人家接到汕尾家里一起居住，十多年间以婆媳相处，至 20 世纪 60 年代，才送烈士母亲回乡归终。母亲的善举，曾在家乡的街坊邻居中成为美谈。

“文化大革命”中母亲下乡山区，与知青子女生活在一起，至 1974 年落实政策，才回城办理了退休手续。改革开放后，当初的入党介绍人，老红军郑重同志，回乡探亲探访母亲时，闻知母亲还没有办理离休待遇，就提出要为母亲作证，敦促母亲向上级写报告，申请恢复离休待遇。然淡泊名利的母亲却提出，就不要去麻烦组织了，自己几百元退休工资够花了，这样就好了。郑重同志只好挥毫，为母亲写了一幅字：

曾记少年时，君是红家将，历史抹不了，光荣留永远！

——祝郑芸同志健康长寿

其实，母亲是看不惯个别不符合条件的也办理了离休待遇手续，就不想去凑热闹了，所谓人各有志。然母亲引以为荣的是，一本红本的“公费医疗证”，几十年间保留了空白。

下面就让我们一起赏析 2003 年秋吕烈为母亲所写的诗歌：

为郑芸老师九十寿祝

1. 卫国

当年倭燹犯边陲，九夏难容贼眼窥。
唤起同胞齐杀敌，喜闻彩凤又鸣岐。
兰心已属英雄党，剑气长萦革命旗。
陷阵休嫌弓步窄，威威巾帼胜须眉。

2. 教书

归田何必把功提，我本人民一教师。
建国须凭知识辈，执鞭愿作大风姨。
春风桃李丹心壮，秋水蒹葭白发滋。
天若多情予我寿，吾甘振铎再驱驰。

3. 晚晴

晚景原来胜曙曦，心宽不觉福来除。
欣逢盛世开怀笑，好看儿孙折桂归。
文震京师堪多席，数开佳境胜燃犀。
余生乐事频频有，喜报年年挂彩楣。

注：上诗原刊《世界华文诗词艺术家作品精选》，获特等奖录入《医余集噫》第89页。

数学家母亲于2003年冬去世时，吕烈又填词：

唐多令·悼念郑芸老师

兰质喻其人，亦师亦母亲。疼我情，历历犹新。
今日堂前空有泪，悲难已，恨难申。
长忆诲谆谆，“为医要认真，苦与寒，一视同仁。”
哀矣言存风貌渺，寄思绪，向愁云。

并写挽联：

含辛茹苦，课子育人，替国家造就栋材，懿范能追孟母；
抗日救亡，舍生取义，为民族驱除外患，高风取效鉴湖。

注：上文原刊《世界华文诗词艺术家作品精选》，录入诗集《医余集嘻》第89、209页。

（二十三）希门故事添奇迹，巨舰乘风已启航

《杨必成：盘点2021年》读后感（吕烈，2022年2月16日）：

十年磨剑未为长，冷凳青灯著瀚章。
高志远瞻凭虎劲，雄心白鬓拼龙骧。
希门故事添奇迹，巨舰乘风已启航。
运筹旋机知不等，古稀奋发一骠扬。

诗后吕烈释文:比起科学研发,铸造出紫电青锋之类名剑花费十年工夫就不算长了。科学人在冷板凳上坐了大半辈子,默默地耕耘,是心中的坚持使他们拥有坚韧的毅力,是宏大的理想让他们思维得以翱翔。希尔伯特的设想如今得到弘扬,就像巨轮冲浪前航。辛勤的劳作是因时间不能等待,逾古稀之年更须策马扬鞭争取更大辉煌。

疫情期间,数学家减少了外出应酬,大部分时间待在家里,埋头发表数学论文,出版数学专著,科研成果也上了一台阶,为此,有感于数学家“食老成细仔”,诗人也像哄小孩一样,一再写诗对他进行鼓励。

杂文家郑溢涛先生在看了微信朋友圈中《诗人与数学家(十六)》后,评论曰:吕医有苍生情怀,识见不同凡俗,行藏有隐者的聪明,亦是气质与无奈。

这评论很有见地,特别是“行藏有隐者的聪明”一句刻画准确。体现出“高手在民间”的都市隐逸。

都说出世容易入世难。然诗人是跳出界外,心游凡尘外;而数学家是潜入界内,玩味人生得失。一个在诗歌海洋里遨游,想到达理想的彼岸;一个在数学迷宫里翱翔,想摘取皇冠上的明珠。二位都在攀高峰,求得殊途同归,求得弘扬传统文化的精华,求得一种凡人难及的精神境界。在此敬录一段哲语:许多年后,如果有人问我,当年,你对这个社会做了什么贡献?我会坦荡地回答:我转发、传播了许多充满人性、良知、散发着正义光芒的文字。我没有与邪恶同流合污,坚守了自己的底线!面对天地,我无愧于自己的良知!

（二十四）勘开参量风云转，旱地掘穿甘露泉

破阵子·读《执于探微》（吕烈，2022年7月1日）：

成果知无唾手，攻坚分外艰难。十年厮磨长凳热，一盏青灯彻夜寒。

楼兰破等闲，荆棘须凭快斩，顶峰定作雄攀。

算有龙盘多曲折，任是金汤怕我顽。劈开拦路关。

［中吕·魔合罗带过最高楼］祝杨必成教授获全球2%顶尖科学家殊荣（吕烈，2022年10月12日）：

少年未得东风便，青灯破万卷。十年冷凳磨穿，一身壮志痴缠。

勘开参量风云转，旱地掘穿甘露泉。文章如井喷，论著忽等身。

［最高楼］仰看前路山尖，绚丽辉煌迫近。回观撒下花籽，五彩缤纷一片。

2022年后，杨必成教授与吕烈医师就再也没有见面了。只记得年中有一次，吕给杨来了电话，用沙哑的声音告诉杨必成，他在异地动了大手术，算成功，现正在恢复期。为不使脑袋瓜迟缓，就一边养病也一边训练写一些诗歌。杨必成听后扎心不已！只嘱咐老同学安心养病，并发了一些国内媒体报道给吕烈。

果真，7 月 1 日，吕烈就写给了杨必成一首六十字的散曲《破阵子·读执于探微》。在这里，诗人是别开盛面，独具风格，抒写出真情实感，把一个数学家，描述为有鲜明个性的“劈开拦路关”之形象化勇士，从感性到理性地与数学家产生了共鸣。

金秋十月，中国科学院媒体转载了美国斯坦福大学《全球前 2% 顶尖科学家榜单》，杨必成名列数学类榜单内。吕烈闻知后，又为杨必成写下了一首抒情诗体散曲：[中吕·魔合罗带过最高楼]，祝杨必成教授获全球前 2% 顶尖科学家殊荣。

在这里，作者以准确而凝练的艺术概括，写出了诗人与数学家在特定环境中的特定感受，并以直抒胸臆的赋法，融记叙、议论、抒情为一和谐整体，既含哲理，又富诗意。诗人是秉持了多年来的初衷，用诗歌刻画数学家，力求以丰富的形象，具体的事物表现抽象的感情，把内心世界外在化、具像化，情动于中而形于像，体现出匠心独运的艺术感染力。后段，又体现出了诗歌最大的艺术特色——意境：回观撒下花籽，五彩缤纷一片。给数学家留下了无限想象的空间。

（二十五）秉公秉直董狐笔，忧国忧民屈子心

大石调·雁过南楼——读“杨必成·劳动节特别报道”（吕烈，2023 年 5 月 4 日）：

一斤斧，劈开混沌，需耗费几多磨砺与辛勤。

希尔设猜想，来者凭坚韧。参破须智慧，论证步步稳。

日忘餐，夜无寐，一关攻破几兴奋。

回首看，论著叠叠入云天。

短短一首不上60个字的词，却刻画出一个活灵活现的人物形象。在诗人的眼中，数学家艰辛地攀爬着“天梯”辟开混沌，遨游于博大精深而又美轮美奂的数学王国，品尝并探索科学的精义和奥秘，并终生努力为之添砖加瓦。可惜，诗人再也看不到数学家天书似的论著了！填此词时诗人已在“病中吟”了！在为数学家写下最后一首诗词［大石调·雁过南楼］后，2023年的端午节（也叫诗人节）过后，吕烈先生这名医生兼诗人与世长辞。可叹的是“处方治病千千页。却为何，不医自己，只医人活”。诗人携着他近30年间所写的近两千首诗、词、曲、赋、楹联，投奔古先贤屈子去了。

“打错雷下了场囫囵雨。”诗人逝世后，数学家将25年来吕烈诗人写给他的几十首诗歌编成一小册子，送给亲友们。

当初的诗友们和学兄学弟等写下一些诗歌，悼念诗人。部分附录于下：

鹧鸪天·读杨必成《吕烈赠杨必成诗词集锦》感赋（甲秀）：

六十情缘四十诗，自将心血结珠玑。当年板凳几回冷，今日幽明两不知。

听赞，寄哀思，山阳闻笛泪空垂。留君无计空余恨，星陨凤山迷海涯。

注：杨必成、吕烈结识于1964年，至今恰好60年。当日我与陈章参加吕先生追悼会，亲聆杨教授宣读祭文。

悼乡友诗人吕烈(北京,杨必胜):

天降俊才吟妙韵,诗词曲调傲同群。
仰天长啸歌一曲,万里泪花送诗魂。

拜读吕烈赠必成诗词集锦有感(赖一真):

汕中翘楚俩驱鞭,佳话此生闾里传。
独立独行同品格,相知相惜互成全。
数坛折桂华千树,瀚海畅游诗百篇。
挥泪子期花彼岸,奋蹄骐骥一如前。

敬读《吕烈赠杨必成诗词集锦》有感(刘兴夏):

旷世双英珠璧联,徜徉瀚海赋诗篇。
高山流水声犹在,更有谁人可续弦。

(二十六)丈夫不洒临歧泪,安遣芳名照古今

读汕尾诗人吕烈先生《千秋岁·老同学聚会有感》(录入《海陆风》总第5期,2022年2月,第30-31页,梦欣先生点评)。梦欣,是旅居加拿大的诗词评论家郭业大的笔名。郭业大原籍佛山市人,2021年5月受聘为汕尾诗词学会顾问。2023年底在加拿大温哥华逝世。

同窗之谊,是人世间最朴素、最纯洁、最真诚、最值得回味与珍

藏的一份情怀。而老同学聚会，更是激发往日回忆、倾诉彼此心结、颂扬纯洁友情的悲喜场合。毕竟同窗之后，别离便是常景，所谓“今日暂同芳菊酒，明朝应作断蓬飞”，就是同学分手各奔前程的真实写照。历代诗人吟颂同窗情的作品很多，余独欣赏明人练子宁的一首《寄同窗诸公》诗：

十载相逢在泮林，几回握手共论心。
夔龙礼乐经纶久，班马文章慷慨深。
五色蓬莱青锁闼，一樽风雨白头吟。
丈夫不洒临歧泪，安遣芳名照古今。

由相逢到分手，期间经历握手、论心、读经、赏文、共怀理想、同沐风雨，结下深厚而诚挚的情谊，正道尽同窗情谊真谛。而最见境界的便是尾联：若不洒落几滴分手各奔前程之泪水，又怎么能够建立功勋在青史留名？青史留名，当然是古代文人的一生抱负，作为理想追求，有积极奋发的一面，但毕竟需要太多社会背景及个人因素的配合，这当是凤毛麟角，少之又少。所以，从真实的角度、从大众的立场、从历史的留迹来看，便觉得汕尾诗人吕烈先生的这一首《千秋岁·老同学聚会有感》，读起来时代气息浓郁，倍感亲切，而且咀嚼有味。其词云：

久违同聚，银发惊无数。离别意，难倾诉。
当年经大劫，绛帐穷刀斧。谁料得，到头落泊弯弯路。
愿景千金缕，编作风花舞。悲梦碎，痴情误。
惜青春晦气，叹暮秋寒露。怀感慨，曲成又恐周郎顾。

词上阕描述老同学聚会之场景及相关追忆，侧重于历史车轮给一代人青春时期的撞击所造成的严重后果。如果同属于那一代人（从“银发惊无数”一语推测，都应是上了70岁的人，那么他们的“老同学”大体上应是高中的“老三届”之类），便明白“经大劫”而“到头落泊弯弯路”的真确含义了。如果不属于那一代人，则虽然也可以了解那一时代背景的事情，但没有“绛帐穷刀斧”的愚蠢经历，没有“落魄弯弯路”的痛苦遭遇，那种往日的苦涩味便有天地之别。也正是这样，只有同一代人才能理解这“离别意，难倾诉”的“难”字，分量有多重。它写出这些老同学“久违同聚”的惊喜，也写出这些老同学因归诉差异、地位与身份的不同而导致三观有别，没有太多共同语言的尴尬。

词下阕抒发老同学聚会所激发出来的感慨：一“悲”，二“惜”，三“叹”。强烈表达出作者对那一代人青春被时代所耽误的无奈。梦碎、情误，高雅的“愿景”，堕落成“风花舞”，于是，宝贵的人生便在遭遇“晦气”与“寒露”中糟蹋殆尽。当然，作者的这一悲慨情感，也不是所有人都能认可的，也许还会有些人认为那是一个激情燃烧的时代，那么，在他们看来，作者的这一番感慨，也许就是不健康的。是以，作者在下阕的结尾，用调侃的口吻自嘲曰：怀感慨，曲成又恐周郎顾。周郎，究竟代表什么人，可以有不同的解读。所谓“曲有误、周郎顾”。顾者，因为他有一套自己的正确标准，你弹的曲子，不符合他心中的标准，他以此表示藐视与抗议。这个不直接道破而用曲隐的意象表达深刻含义的结句十分耐人寻味。可以推测，在作者参与聚会的老同学中一定就有“周郎”一类的人物在。

当代诗人写同学聚会的诗词也不算少，但能在梦欣眼里留得住影子的其实也没几首。吕烈先生的这首《千秋岁》，称得上是较为可读的佳作。它没有常人的空洞议论，也没有一般写实者的罗列事体，而是诉诸意象、倾诉胸怀、营造氛围、提供耐人寻味的空间。这就使得笔下有生气、行文注真情、成篇出意蕴，非一般泛泛直言所能相比。又，《千秋岁》这一词谱，变格颇多，吕烈先生用的是正格，韵律严谨，也是佳作之特色。

诗歌讲究意境，意境让人留下了想象的空间！

本人是怀着敬仰之心，摘录了上面梦欣先生对吕诗的诗评。曾有人说过：写古典诗词，会受到平仄、格律、起承转合等种种条件限制，似是在“戴着镣铐跳舞”。然恰恰，优秀传统文化的博大精深正体现在其内涵之中。就像高明的舞蹈师，虽戴着镣铐，也会跳出优美、动感的舞蹈。天然去雕饰，清水出芙蓉。细读吕烈的词，梦欣的评，就感觉出了尽在不言中的意境！细嚼有味，难怪哲人云：“功夫常在文章之外。”

第四章　市井悬壶　笔底烟霞

杨建成

1. 开场白

去年以来，我总想为家乡的人文才俊，逝去的学兄吕烈医师写点逸事。吕氏逝于2023年的端午节（也叫诗人节）后，享寿76岁。事因是，逝者生前与我的二哥、数学家杨必成教授几十年的情感交往，他俩又在不同的学术道路上常有着抽象思维与形象思维的文理探索交流，而我作为一铁杆“粉丝”，入迷的“吃瓜群众”，常常陪伴着他俩吹牛聊天“车大炮”、调侃诗歌、讨论数学、笑谈人间百态。虽属“鸭子听雷”，然也如雷贯耳！如今，斯人已逝，痛定思痛之余，我常常坐在电脑前发呆、纠结，总感觉诗人的情感世界过于丰富多彩，自己是“手长衫袖短”；总感觉才不堪用、德不配位。诗人生前的阅历、正己修身的品格、浓厚的人文精神，以及境界、学识、个人修养等都甩了本人好几条街。说到底还是笔者学浅，别说对医学一窍不通，对诗词格律等比兴手法，更是门外汉了；数学，只懂得正数负数。要描述出一个市井悬壶的医师兼有大量诗词作品问世的诗人，似乎“担梯睇唔着账簿”——望尘莫及。然又情之所至，也只能“赶鸭子上架”“鲁班门前弄大斧”吧！毕竟是怀着仰慕之心，怀着对家乡人文、本土文化的热爱，更重要的是“高手在民间”，只希望能窥见特立独行之诗人的冰山一角。如何恰切评价，还有待贤者、能者去发掘、深化了。

2. 吕烈自拟简历

吕烈，男，汉族，1947 年 10 月出生，广东汕尾人。幼居广州，1960 年 9 月至 1966 年 7 月，就读汕尾中学初中第十七届、高中第八届。未几，因避过了上山下乡，故韬晦沉寂。1977 年恢复高考，幸运光临，得进广州中医学院。毕业后在汕尾医疗系统工作。曾有医疗论著发表于《国外科技》。因适应性差，提前收科打道。闲着没事，便附庸风雅，作些个见花惆怅，对月忧心的诗赋，以打发时光。不想有人怂恿，贸贸然向各家刊物投稿，时而获奖。便成了广东诗词学会会员、中华诗词学会会员、中华诗词文化研究所研究员、汕尾楹联协会副会长。自知其实难副，却沾沾自喜。还出了两本诗集：一曰《医余集噫》，一曰《逸而尚嘶》。看得人直摇头。有为证诗一首（步陈寅恪《丙午元旦作》原韵）（录于 2010 年陈品楼先生主编的《汕尾中学记忆录》）：

懒向东风苦竞春，平生最怕诺权人。
冷观百态长张眼，却为孤寒几挺身。
下套难防谁捣鬼，送花尚恐得留神。
只缘怪癖轻裙带，致使三翻惹劫难。

3. 青春哀怨

“文化大革命”期间，离校的中学生们都得上山下乡，由于吕烈的老父亲吕醒云老师已于 1966 年去世，老母亲、已退休的欧淑兰老师年事已高，吕烈要在家照顾老人，况兼家庭出身较好（烈属），就躲过了下乡务农这一关。然20世纪70年代初，生产力落后，边陲小镇里就业门路极少，吕烈就在汕尾镇第三居委会的街办工厂小型企业里，当了一名业务员。青春时期的境遇，可在他后来写的一首诗歌《水龙吟·忆早年》的词中略见一斑（录于中国文联出版社出版的《医余集噫》，第52页）：

早年历尽悲凉，亲朋冷落身孤单。长年白眼，一床破箦，三餐潦粥。

沦落底层，消磨大志，月薪廿六。使龙游浅水，鱼虾戏谑。

当猴耍，形同鹄。庙小偏多竞逐。靠山头，便加官禄。

我心韬晦，不求闻达，管甚荣辱？性洁遭疑，才高惹妒，果遭荼毒。

纵男儿有泪，只流心底，以歌当哭。

4. 三十而立

（1）迟迟大学果相邀，激起平湖几度潮。

1977年冬，刚过了30周岁生日的吕烈，回到了离开10年的母校汕尾中学的考场，伴随着“千军万马过独木桥”，参加了“文化大革命”后的全国首次的高考。这时候他已结了婚，成了家，参加高考时，刚出生的儿子仅四朝。不久放榜，他被录取到广州中医学院，就读5年制的医科大学本科。

他在一首《满江红·忆入读大学》的词中，是这样写的（录于中国文联出版社出版的《医余集噫》）：

入学通知，掀开了，人生新页。逢机遇，夺回文革，蹉跎年月。

捧卷琢磨方药法，练针自刺经腧。数春秋，纵夜寂灯寒，案头热。

囊虽涩，书不辍；衣已敝，勤无歇。陋居人挤迫，反增亲切。

绿野会操龙虎跃，黄河合唱天云遏。继岐黄，矢志振中医，心如铁。

（2）稚儿憨憨烦卿乳，瘫母垂垂折汝腰。

被高校录取后，一时间从社会人员华丽转身成为“天之骄子”，恢复高考改变了他的命运。虽说个人的命运，与国家、民族的命运紧紧相连，此前，吕烈也是因为“母久病成医”而走上学医的道路的。20 世纪 70 年代，医疗条件缺乏，老母亲患了头痛病，四处寻医总不见效，后来才寻出病因，是老人家患了“青光眼”引起了头痛病。在伺候老母亲的同时，他也萌发了学习中医的志趣，拜师访友，钻研药方，也因此有了中医基础，恢复高考时报考中医学院，就因专业对口而被录取了。然这时候，他犯难了！面临着艰难抉择，他放不下有了孩子的家。而年过古稀的老妈妈中风后瘫在家里，眼睛也从青光眼转瞎了，需要亲人们照顾伺候。上有老下有小，自己一抹脚走了，家庭重担怎舍得让妻子一人承担！万分纠结之时，人间总有真情在！深明大义的老丈人胡奋志先生发话了：“安心去省城读书吧，千载难逢的机会需要把握。”老丈人在自己家门口墙角的空地上搭建一所简易房子，让吕烈背着瘫母，让女儿带着孩子回娘家居住。一家人帮着侍候老人，让吕烈放下包袱到广州读书。

（3）学子归乡。

吕烈在广州中医药大学读了 5 年医学学科，学识大增，成绩优异，毕业那年，学校百般挽留，要他留校任教，或继续读研深造。本来人往高处走，对于可塑之材，留在省城大可伸展拳脚。可留不下来啊！欠亲人的情太多，他要回归故里履孝报恩，就要求分配回到家乡就业。因此，毕业后分配回海丰，因医才难得，县卫生系统属意把他安排到县城的彭湃医院工作。吕烈又不干了，提出一定要回汕尾，如果不给安排，就宁愿自己在汕尾二马路边摆张桌子为人看病把脉。由于汕尾医院已没有指标，他被安排在香州卫生院（现在的凤山卫生院）门诊部坐诊，也终于能和家人团聚尽孝了。后来，汕尾红十字医院蔡棠院长发现了他，又把他调到汕尾红十字医院上班，日子总算安定下来了。吕烈一边照顾好家庭，一边在医院坐诊，毕竟，属正牌医科大学毕业，他成了医院门诊部里的业务骨干。

5. 退出体制一身轻

转眼间，吕烈医师已到了“知天命”的年纪。本来，科班出身的他，有医疗实践经验又有理论功底，稍加努力，就可走上一条获评高级职称、实现专家梦想的道路；本来，医者父母心，为病人排难解忧也是他的一种心愿。可他经过深度思考，就毅然在当初流行的“下海潮”中选择了“跳槽”——辞去了医院里的工作。用他在“自述简历”中的说法：因适应性差，提前收科打道，当然是打道回府，当一市井隐逸了。笔者对此的粗浅理解是：

（1）他厌倦职场弊端，他在“道情”诗里“庸医”篇中曾写道：“沉疴不解回生药，微恙先行共振磁。”因此，心性率直、我行我素的他，就选择“跳槽”了。

（2）再者，因为他梦中的那片海就是诗歌的海洋，他想凭着长期对古典文学、传统文化的爱好，徜徉在这诗歌海洋里，抒发出自己的情感；他想寄情山水、天马行空，用诗歌的形式，描绘出天下之大美。有句话说：愤怒出诗人。他也愤世嫉俗，他想用诗歌描绘出人间百态，歌颂真善美，鞭挞假丑恶。他追求独立胸襟、自由品格。就做出了选择，一边开个小诊所，市井悬壶，一边在“旧纸堆中讨生活”，在博大精深的古典文学中汲取养分。从古代的诗经、楚辞，到汉赋，从唐诗、宋词，到元曲，认真地温习、推敲，也就在近“知天命”时，才厚积薄发地开始尝试写格律诗。他在《五十五岁述怀》诗中是这样写的（刊于《中国当代爱国诗词大观》）：

此身岂受利缰缠，汗洒蒿蓬自坦然。
气傲常遭红眼病，风清最鄙黑心钱。
知为有梗吐方快，那管真言祸必延。
抵死不为趋附客，任人笑我太疯癫。

6. 市井悬壶

（1）急惊风遇着慢郎中。

一大早，小巷子里响起了急匆匆的脚步声；

一会儿，小诊所里响起了咚咚咚的敲门声；

一时间，老郎中慢吞吞地伸着懒腰，打开了门；

一大汉，抱着一口吐白沫、浑身抽搐的小孩，闯了进来。

一瞬间，老郎中来不及“望、闻、问、切”，就眼明手快地从上衣袋里拿出一根小银针，抓起小孩的手指尖顶，在手指头上一针见血（中医称十宣退热），紧接着又掐住小孩的“人中”穴位，一会儿，抽搐的小孩才缓过劲来。紧接着，老郎中从抽屉里拿出镇惊散，冲水让小孩喝下。然后开出处方：牛蒡、薄荷、连翘……。

原来，夜里小孩突然感受到外界的风热，受到惊吓产生抽搐，突发神志昏迷，热极生风。旧时民间有此谚语：急惊风偏遇慢郎中。意思是指孩子患了急惊风，偏遇慢性子郎中。比喻事情危急向人求助，却遇上动作迟缓的人。反过来，现实中作为郎中，碰上小孩急惊风，是需要动作敏捷、及时处理的。

(2)陋居人挤迫，反增亲切。

在汕尾市城区新城路边一条不足两米宽的小巷子里，拐进约20米，在小巷边一栋住宅楼的底层有一个小门，里边就是吕烈医师的个体诊所了。底层分两间，里间药房，亦存放杂物，外间门诊面积约20平方米，屋中间摆一张长方形桌子，一个靠背椅子，上边墙壁上挂着一幅惟妙惟肖的吕洞宾画像，吕烈医师就在这里坐诊了。诊桌旁边还有一张摆满药物的小桌，小药童在这里打打下手。诊桌对面有一排让患者坐着候诊的矮木沙发椅。墙上也挂着吕医生的“自拟诊所联”：

学承卢扁，博采众家，妙得抱真返朴；
术贯中西，自成一体，贵能去茔存精。

每天上午诊所门还没开，就有患者在门外侯着。高个子的吕医生打开门坐下来后，患者就先来先到地一个个围凑到桌前，让吕医生望闻问切。此时，围着的人们就七嘴八舌地说开了：“医生啊，你快看看俺家孩子咋回事？这几天，天天闹肚子痛。”“吕医生，你帮俺看看，这段时间腰酸背痛的……”

只见吕医生淡定地抓过患者的手把把脉，摸摸头部看是否发热，拿起手电筒让小孩张张嘴照一照，翻翻小孩眼皮看一看。然后问：“几岁？”答应后就打开抽屉，拿出药罐，桌面铺上包药纸，各种药片倒一倒，包一包拿给患者，太小的，就擂成药粉分成一小包一小包，再嘱咐患者回去冲水喝。下一个，望闻问切后，该煲中药的，拿起桌上的处方单，唰唰唰写一处方，让患者到外面药铺抓药。

常奇怪，吕医生的个体诊所里，人气旺，生意好，四乡八里，一传十、十传百，妇孺皆知，大家乐意来他的小诊所看病。一个主要原因是，他能对症下药，加上手续简单，收费合理。验证了那句话：金杯银杯，不如老百姓的口碑；金奖银奖，不如老百姓的夸奖。这也成了吕烈医师“市井悬壶”的一大特色。古语云：德不近佛者，不可以为医；才不近仙者，不可以为医。吕医师医术高明，除他曾在广州中医药大学上了5年医科外，毕业后长期注重临床实践，更重要的是他有浓厚的人文品格，“为医要认真，苦与寒，一视同仁”。他在《为医》的一首诗中是这样写的：

高明原自出心田，重医德，方可卢扁。肠有分分热，心有寸寸丹。

能解百家难，胜缠十万贯。

后又在《夜查医籍》一诗中写到（刊于《中国当代诗词艺术家年谱》）：

三伏天时苦坐堂，长衫汗透盼风凉。
三重候诊人如毒，一刻无停马脱缰。
时遇奇疴难即断，夜翻典籍细寻章。
或因触类迎头解，弊在多方未足详。
一案疑云须绞脑，病家苦况总牵肠。
探幽就得刨根底，悬惑焉能入梦乡。
莫笑为人多执着，应知我性本疏狂。
纵然意尽莲心苦，且喜心犹柏子香。
中病霍然情满足，活人自得气昂扬。

人夸枯井三冬暖，吾拼青囊一枝长。

闷热中宵蚊大咬，豪情无悔继岐黄。

7. 厚积薄发，举重若轻。

(1)《医余集噫》。

转眼间，“跳槽”后十多年的时间过去了，2007 年底，刚满 60 周岁的他在中国文联出版社出版了第一本诗集《医余集噫》。书中收录了他近 548 首的诗、词、曲、对联、辞赋。诗集的开头，他在《代自序》里表明了心迹：“自录辛酸自品尝，也知俚曲少清商。”充满了幽默感和对自己的身世的调侃。

(2)《逸而尚嘶》。

2008 年底，他又在中国文联出版社出版了第二本诗集《逸而尚嘶》，收录了他 320 多首诗歌。诗集的内容更体现了诗人一贯以来关怀民生疾苦，关注时代风云，关心社会政治事件的人文风格。同时又：“老来眼角少含青，发点牢骚本合情。”这在他填在诗集卷首的一首词《(南吕)梁州第七》，就更显得直白了：

苦中乐，拾些落花。无事忙，掇片飞霞。闲来贴作痴情画。

这里边，供愁献恨，见烟树云崖，灌缨洗耳，有飞瀑流沙。

讥狂阮，借醉佯傻，看东坡，檀板铜琵。

强胜那，出损招，夺位争衔；笑可掬，调情磕牙；背地里，使绊倾轧。

名利场中搏杀，烫热锅中滚爬。

争似我，街头卖了葫芦药，一醉夕阳下。官府呼来懒睬答，自在潇洒。

(3)《医余杂咏》。

2011 年,吕烈自印了第三本诗集《医余杂咏》,收录了 600 多首诗歌;拿诗人自己的话说:看青山起伏不平,发一声感叹;笑世道离奇古怪,哼几句歪诗。

杂文家陈章先生所作的淋漓尽致 6 000 字的《医余杂咏》代序的标题为“民间疾苦,笔底烟霞”,也就是说,吕氏的诗歌,大多关注民生疾苦,为底层百姓讴歌,体现了诗人朴实的人文主张、民本思想。

再来一“拼盘”吧,摘几句该诗集前六位诗友的“友声励语”:

①笔阵如今扫万军,风流文采早曾闻;

②不为折腰三斗米,岂能昧志一般心;

③腹有良才胸坦荡,身无媚骨格高清;

④起人有术天难补,处世无求道益精;

⑤诗声朗朗淹红海,文质彬彬坦赤心;

⑥笃志杏林诚腹道,铺笺墨海益求精。

(4)2012 年底,叶良方主编《海陆嘤鸣联唱集》(风采出版社出版),收录吕烈本人与诸诗友唱和的诗歌 64 首。

(5)2013 年 9 月,叶良方主编《嘤鸣诗词唱酬集》,又收录吕烈本人与诸诗友的唱和诗歌 68 首。上二集收集的 130 多首唱和诗,主要体现了诗人寄情山水、借景抒情的胸怀。

至 2013 年,粗略计算诗人已出版了约 1 700 多首诗歌,其中:七律诗约 1 000 首,七绝及七言诗约 300 首,词、散曲、辞赋约 270 首,对联 170 幅。自 2014 年至 2023 年 6 月去世,诗人还来不及将近十年的诗歌结集出版,就走了!究竟还写有多少诗歌?就有待慢慢发掘了。

(6)吕诗的风格和特点、思想性与艺术性。

综合几位为吕氏诗集作序的资深学者的评述：

①摘录著名军旅作家，潮汕籍的雷铎（1950—2017）先生为《医余集噫》诗集所作的“序一”中的部分评述：吕翁年恰花甲，以悬壶济世业，以古道热肠名，而以诗词对联歌赋文章为痴。吕氏嫉恶如仇，长作不平之鸣，故其文章，多激愤讽喻之作。三言两语，略不经意，却道出个世态凄恻、人情寒凉来，常有令人不可忍俊之妙语，真实可圈可点。

然另一面，如鲁迅所说，“无情未必真豪杰，怜子如何不丈夫”。吕氏乃痴情汉一条，其《赠妻》诗，出于肺腑，令人读之深深动容。今吕氏集合诗词歌赋，各体无不悉备，嬉笑怒骂，文字自成妙章。公六秩初度，以文见迹，刊文为纪，可谓半生二万日，妙笔千朵花，逝者如流水，一卷足自夸，岂不乐矣哉？

②摘录本土诗人叶良方先生为《医余集噫》诗集作“序二”中的部分评述：诗人有一颗与时代脉搏相契合的赤子之心，有一种敢于歌颂真善美，抨击假恶丑的勇猛精神。正如王国维在《人间词话》所言：“大家之作，其言情也必沁人心脾，其写景也必豁人耳目。其词脱口而出，无矫揉妆束之态。以其所见者真，所知者深也。”“故能写真景物，真感情者，谓之有境界。”

清叶燮《原诗内篇》云：“诗之基，其人胸襟是也。”诗人为什么对社会丑恶现象如此痛绝？这不仅出自一个知识分子的社会良知和道德观念，而且与诗人的人生历程有着密切关系。诗人出生于外地，新中国成立初期随着曾在岭南大学任教的父亲吕醒云先生返回故乡。父亲虽满腔热情欲报效新中国，但由于种种原因难以一展夙志，在诗人读中学时父亲就辞世了。诗人的青少年时期经历逆境的洗礼，在社会的最底层磨砺，诗歌体现了对弱势群体的关注。

③摘录许翼心先生在《医余集噫》编后“跋”中的部分评述：通读吕烈诗文，概括起来，有如下三个特色：

一是具有深厚的人文传统。以“不党不偏”之心态，一身浩然正气，讴歌英烈先进，鞭挞丑恶黑暗。有时虽不免牢骚太盛，然无伤大雅。

二是具有医者仁术仁心，诗中处处与人为本，悲天悯人之情怀，颇有大医精诚之风范。

三是多才多艺。吕烈诗、词、曲、联、文、赋诸种文体，各具所长，用词遣字，颇见功力。所谓：“善运岐黄术，犹工李杜吟。心清居闹市，车马也无喧。”

④摘录杂文家陈章先生在为吕氏第二本诗集《逸而尚嘶》、第三本诗集《医余杂咏》所作代序的部分评述：通读吕烈诗集，体现了诗人作品一贯以来关怀民生疾苦，关注时代风云，关心社会政治事件的人文风格。而吕诗的艺术特色：一是口语和幽默，吕诗中常出现车大炮、功夫茶、后灶头咸鱼饭等口语中的口语。独具匠心，极为幽默，是典型的“吕氏春秋”笔法。陈章先生并感叹：旧体诗词，近百年来，横遭厄运，备受冷落，直到 20 世纪 80 年代，才算是略有起色，出现了一小撮优秀诗人，其中以聂甘弩为代表，而聂甘弩之所以被人尊为当代诗仙，其诗被称为“聂体”，一个很重要的原因，就是聂诗幽默、口语的特色。

不再多评说了，吕诗的意境如何，还是拿诗人于 2000 年期间，为本土乡贤许慕石先生编辑《石兰居集》时所作的几句诗作结吧：

诗由衷出意最深，因时更是感人吟。

秉公秉直董狐笔，忧国忧民屈子心。

8. 参政议政

（1）1997 年 4 月，汕尾市城区第一届政协会议召开，吕烈当选为政协委员。他作了首诗《贺汕尾市城区第一届政协会议召开》：

红湾春暖萃群英，政治协商朝气生。
好景高谈歌改革，良猷共献促繁荣。
惠风和畅百花放，治绩辉煌众志成。
热血同浇新汕尾，粤珠冉冉放光明。

（2）1998 年，吕烈又作了一首诗《贺城区文史》出版（刊于《城区文史》）：

寻根稽古说沧桑，剖析兴衰意味长。
南国闻名良港口，中山盛赞好渔场。
风骚历代人文秀，拼搏十年声誉扬。
酿得百花成一蜜，好留后世作甘尝。

（3）2007 年 3 月，吕烈在做了 10 年政协委员后，写了首诗《城区政协十年赋感》：

砥砺方成磐石坚，建言纳谏两拳拳。
雷霆时节肝胆照，风雨同舟友情牵。
构建和谐争献策，繁荣安定共扬鞭。
十年树木浇心血，喜见成林势顶天。

(4)同时,吕烈又填了一首杂曲:

(南吕)一枝花·参加政协十年抒怀:

敢针时弊叫板,敢为民生呼唤。建言双眼亮,议政一心丹。

论必周全,不怕招人怨,只要志之坚。

扬正气,胸次雾云逍,出红日,心中介蒂散。

(梁州)不谋政,何妨直侃,责在身,自应分担。更深夜静写提案。

了解社情,莫作路人谈,细究民风岂可等闲看。

认真核材料,那怕辛艰,始知这活儿,并不休闲。

责任感,迫着我不息肩,白炽灯,炙得我周身汗,蝇头楷,写得我手儿酸。披肝,沥胆。为的是对得起乡亲父老多期盼,天地良心实无憾。

既然是,知遇良深委我干,咱就得潇洒走一番。

(隔尾)咱也知这提议难承办,咱理解公家资源实困难。

指望他能把一方水土放心坎,识悭,苦干。咱自然意足心安。

(5)在任政协委员期间,吕烈也极为注重海陆丰的红色文化,希望政治清明,社会和谐安定。他在接近世纪之交的1999年12月,用骈文写了一篇《红宫赋》,洋洋两千言,一气呵成,淋漓酣畅。从开头的:

东江名胜,南粤要冲。连潮接惠,临海物丰。

到结尾的:

东江瑰宝，圣地红宫。檐如滴翠，赞华堂之工巧；
墙惹流丹，染鲜血而殷红。浩气长存，若南海之深邃；
英魂不朽，比泰山更高崇。

赋中歌颂了革命先烈在残酷的战争年代，唤起民众，前仆后继，顽强的革命斗争精神。读来朗朗上口，充满激情。而此后收录在他第三本诗集《医余杂咏》中近 600 字的《海丰腾飞赋》中，从开篇的：

莲花险峻，孕千秋海邑之文化；南海滔滔，诉东瓯蛩族之沧桑。

到末尾的：

承先哲之遗风，高歌猛进；继光荣之传统，展翼飞翔。

诗人用直抒胸臆、充满真情、歌唱家乡之大美的人文精神，体现了满满的家国情怀！

9. 诗人与数学家

(1)文理双子星。

双子星，是指在物理学上两颗质量极其接近的星体，彼此互相吸引及旋转。在这里借鉴的是学习上的一种现象——文理相通。

吕烈与杨必成，都是本乡本土的汕尾人。以前的家乡还是一沿海边陲小镇，当时的汕尾中学高中部也仅有高一、高二、高三各一班。每个班满打满算也就四十五人。1963 年秋，杨必成与吕烈入读高中班，不久，他俩就成为形影不离的同窗好友，晚上俩人一起在吕烈家里晚自修。吕烈天资聪颖，偏爱文科，钟情古典文学，对理科也不排斥；杨必成勤奋好学，偏爱理科，钟情做数学习题，对文科也不排斥。三年高中，结伴学习就等于达到了一种 1+1>2 的效果，他们在班上的学习成绩是名列前茅的。

（2）重温旧梦。

1977 年冬，全国统一恢复高考，他俩迎来了“迟来的爱”，结伴回到母校汕尾中学的考场，参加了一场改变个人命运的高考。结果，就像古时候科举考试的老童生“范进中举”一样，31 岁的杨必成被华南师范学院数学系录取，读 4 年本科；30 岁的吕烈被广州中医药学院录取，读 5 年中医本科。

大学才真正是个人才智能够自由发展的新天地。杨必成与吕烈一起在广州不同的院校读书，也经常聚在一起谈心，交流各自的学习心得。杨必成读数学，是带着脑伤拼着命往书中钻，凭着顽强的毅力，完成了 4 年本科学业，毕竟年纪偏大，按权威说法：学数学要年轻。他已失去了搞科学研究的最佳年华，被分配到广东教育学院（现为广东第二师范学院）数学系当助教，也算是有了一个好的归宿。他一边教学，一边寻找感兴趣的科研课题。吕烈读医科，他中医、西医兼学，5 年毕业后就舍弃一切，“打道回府”尽孝了，老妈妈已年近八旬。他一边照顾家庭，一边行医问诊，一边研究诗词曲赋，日子总算慢慢安定下来了。

（3）悠长人生和白首真情，都是岁月的善举。

杨必成是于 1994 年脑伤痊愈后开始了科研突破的；吕烈也是“因适应性差，提前收科打道”，“跳槽”出体制外，开了一个个体诊所，一边市井悬壶，一边开始写诗的。杨必成家乡观念极强，每年都要利用寒暑假回乡探亲，每回家乡就一定要到吕烈家里，两人促膝谈心，交谈甚欢。

1999年春节，杨必成经不懈努力，评上数学教授，期间兴冲冲地回乡探亲报喜。此时，吕烈为他写上了第一首诗——赠杨必成教授：

当年苦读沫相濡，今日贺君冲九衢。
廿载精研成大器，九章衍算辟新途。
为人坦荡宽而厚，治学辛勤智若愚。
且趁春光多拼搏，深潜学海探骊珠。

按常理，进入高校20年后，能获得教授职称，也该歇一歇，放慢节奏享受生活了。然面对旧时同窗，吕烈太了解杨必成了，就不按常理出牌，他要杨必成拿出“屠龙本事”，“且趁春光多拼搏，深潜学海探骊珠。”后来的事实也确实如此，在此后的25年的时间里，诗词格律的形象思维与数学符号的抽象思维，“碰撞”出了火花，诗人为数学家碰撞出了48首诗歌。励志的主题就是“今日还乡需著锦，他年晋士更传觞”。

(4)人生最曼妙的风景，竟是内心的淡定与从容。

杨必成每次回乡，或在科研上有所突破，吕烈总要给他写上一首诗歌，有的是寥寥几句，有的是长篇大论。但每一首诗歌，都能给数学家一种耳目一新、如沐春风的感觉，既实在又励志！其实，诗人是既写数学家又在写自己，因为他要抒发出自己的真感情。2005年底，他写给杨必成的一首乐府长诗《逐浪行》，通篇116句。其开篇的8句为：

红湾浩瀚接空蒙，孕育鲲鹏搏大风。
上接沧溟波浪卷，扶摇天际骇鱼龙。

波涛万里有长滩，刺向汪洋止凤山。
山丽杨门书苑第，钟灵屡屡出其间。

这里，他把位于大海边家乡的自然风光、人文底蕴，刻画得淋漓尽致，读来更是朗朗上口。细思又寓意着男儿要像鲲鹏一样，飞向蓝天，志存高远，搏击长空。可谓字字珠玑，句句实在，给人一种入心的感觉。

（5）敢向权威斜白眼，胸储自有玉玲珑。

同时，诗人写给数学家的有些诗歌，也在调侃，也在发发“牢骚”。2003 年底，杨必成送了吕烈一篇在国外发表的 34 页综述性数学论文。由于用英文描述的论著通篇都是稀奇古怪的数学符号、枯燥乏味的数学公式，此时，诗人就唠叨开了：“天书欺我眼朦胧，精髓未明心已通。”然重点还是在这“心心相通”上面。

2008 年秋，杨必成远涉重洋，参加了在美国举行的第五届非线性分析国际会议。在大会上，黑眼睛黄皮肤的他，用 45 分钟英语发言综述了希尔伯特型不等式自 1908 年发表 100 年来的研究历程，获得了“蓝眼睛白皮肤们”的阵阵掌声。回乡后，他就来到吕烈家里“车大炮”了。诗人在《必成兄自美利坚返，枉顾寒庐》诗里的开头是这样写的：

夜半敲门惊骇客，风尘未扫话开匣。

这话题得从十年前说起，1998 年，杨必成取得科研突破，他用“参量化”数学思想办法，在美国 SCI 期刊发表了 4 篇科研论文，推广、破解了在国际数学界沉寂了半个多世纪的“希尔伯特不等式”，从此走上了艰辛的理论探索之路。期间，杨必成以东方思维演绎西方数学理论，并从优秀的传统文化中汲取养分，以古老的文章八股“起承转合”和西方哲学的“三段论”渗透交融，创新了数学理论，“文惊纸贵卷西欧”。然木秀于林，风必摧之，有门户之见的“专家”们就发话了：说杨的研究是不入流的“非主流科目”“重复论证”“沽名钓誉”，大帽子一个个扣了上来。对此，诗人在与数学家的交谈中又达成了共识：让成果说话。虽然：“我挨大棒怕权威，尔著小鞋遭大阀”，但是“敢向权威斜白眼，胸储自有玉玲珑”。数学家在诗人的鼓励下，我行我素，一条道走到黑。不断地在国内外发表数学论文，演绎数学理论，填补了理论空白，将一条诱人求解思索的“希尔伯特不等式”拓展为有 12 个分支的庞大的数学理论体系。2020 年以后，他又将该理论体系拓展为应用体系，受到国内外的重视。其实，诗人与数学家都有着特立独行的共同点，拿诗人的话说：不着西装爱布衣，时人不解笑疯痴。一个是“诗痴”、一个是“数痴”。诗痴几十年间，写就了数千首诗歌；数痴几十年间，写就了 17 本数学专著，600 篇数学论文。

（6）若不功夫能倒海，致辞那得掌声扬。

从 2020 年开始，杨必成利用古老的欧拉-麦克劳林（Euler-Maclaurin）定理，将其数学理论转向了应用，引起了国内外数学界的重视。

2021 年，中宣部《学习强国》栏目组、科技部《科学中国人》栏目组，联合摄制了《杨必成——执于探微，不负数学一生》采访视频，并上挂《学习强国》网站。为此，诗人为数学家填了一首词《青玉案——看视频报道〈杨必成〉》：

艰难流落平龙背，越天志，安能坠？任是风雪摧不碎。

意存高远，器须磨砺，九死全不悔。十年求索阴霾退，玉种蓝田得瑰丽。

沥尽痴情心血泪。龄虽古稀，更操机杼，织出云天霁。

2022年，杨必成入册美国斯坦福大学编制的“全球前2%顶尖科学家”榜单。为此，诗人又为数学家填了一首词《中吕——魔合罗带过最高楼》祝杨必成教授获全球前2%顶尖科学家殊荣：

少年未得东风便，青灯破万卷。十年冷凳磨穿，一身壮志痴缠。

勘开参量风云转，旱地掘穿甘露泉。文章如井喷，论著忽等身。

（最高楼）仰看前路山尖，绚丽辉煌迫近。

回观洒下花籽，五彩缤纷一片。

2023年12月，杨必成接到入选英国皇家学会工艺院终身院士的荣誉证书，2024年8月，杨必成接受了央视《建国七十五周年，见证非凡》栏目组的采访。可惜的是，诗人已逝！数学家再也收不到诗人写给他的诗词了！

（7）十载寒斋、十年探索，再历十年囊雪。

几十年的相处，诗人写给了数学家48首诗歌。吕氏的诗歌体现了一种优秀传统文化的传承，一种深厚的人文精神。他不同于那些豪言壮语、千篇一律、百部同腔的“老干体”，除抒发家国情怀、明心励志以外，特别在写给数学家的诗歌中，大量引入了数学术语，如：

①股四勾三穷九九，必成大器已登堂；

②中医数码如能化，也送岐黄到九章；
③天书欺我眼朦胧，精髓未明心已通；
④如何正负颠颠倒，公式哪条能解疑？
⑤为谋果腹日奔忙，偏爱孤灯读九章；
⑥大学重开优异试，单科数学二百分；
⑦不等式中多乐趣，潜身瀚海捉鲸鳌；
⑧参量摧开自由路，论文汩汩又源源；
⑨数坛不尚假文章，不拼焉能上殿堂；
⑩春江不等最佳式，大道风行遍五洋；
⑪希门故事添奇迹，古稀奋发一骠扬；
⑫勘开参量风云转，旱地掘穿甘露泉；
⑬彻夜案头冷，直取参量硕拼搏；
⑭九章拓展推鸿箸，蔗尾居然似蜜甜。

诗人刻画了一个活灵活现的人物形象又个性化地体现出：

稿残千篓，喜此日能圆；梧桐倚梦，梦里凤凰翥。

（8）今日灵前空洒泪，告慰却难寻吕翁。

2021 年，诗人病了，动了大手术，在家疗养；数学家也宅在家里，享受孤独之余，少了些应酬，静下心来写数学论文，他在国际数学类 SCI 期刊发表了 21 篇数学论文。年底，网上登出了《杨必成 · 盘点 2020 年科研成果》一文后，诗人就“病中吟”了：

我缩螺窝避疠炎，君登雁塔摘尖尖。
九章拓展推鸿箸，蔗尾居然似蜜甜。

从此，诗人与数学家也再没办法见面了。但诗人依然时刻关注着数学家的创作，时不时发诗歌给数学家，延至2023年5月，诗人看了一篇描述杨必成治学事迹的劳动节特别报道，又在病中填了一首词《大石调 · 雁过南楼——读“杨必成 · 劳动节特别报道”》：

一斤斧，辟开混沌，需耗费几多磨砺与辛勤。
希尔设猜想，来者凭坚韧。参破需智慧，论证步步稳。
日忘餐，夜无寐，一关攻破几兴奋。
回首看，论著叠叠入云天。

这几乎是诗人的绝笔了，吕烈医师在端午节过后去世了！出殡那天，灵堂肃穆，夏蝉悲切。几十幅挽联，寄托着人们对他的哀思！数学家为他宣读了祭文，实在是：悲难忍、恨难伸，哀思绪、寄愁云……。诚所谓：

六十情缘五十诗，自将心血结珠玑。
当年板凳几回冷，今日幽明两不知。

数学家在微信群里发了这样一段话：

多年来，吕烈与我虽身处两地，却如影随形，我每在科研上取得点滴成绩，他就写诗词赠我，使我倍受鼓舞。他的本意是：怕我骄傲，以致故步自封；怕我在学术上耐不住高压，打了退堂鼓。真是用心良苦，友情可鉴。如今他已驾鹤西去，前路茫茫，我只能孤独前行了！

不由想起前些年走红网络的一段话:许多年后,如果有人问我,当年,你对这个社会做了什么贡献?我会坦荡地回答:我转发、传播了许多充满人性、良知,散发着正义光芒的文字。我没有与邪恶同流合污,坚守了自己的底线!面对天地,我无愧于自己的良知!

(9)斯人已去,诗作犹在。

诗人去世后,汕尾市诗词学会为悼念该会顾问吕烈先生,出版了专辑,里面收录了生前好友、诗友们寄托哀思、高度评价诗人的几十首挽诗、词、挽联等。该学会叶良方会长的挽联,概括了诗人生前所做的两件事:

市井悬壶,救死扶伤,春秋港埠传嘉迹;

诗词集噫,引经按谱,翰墨人间颂雅风。

第五章　我的数学追梦路

杨必成

洞　仙　歌

——贺杨必成教授获科学中国人 2014 年度人物等大奖

文章雁塔，付出知多少？四十余年白眉老。
咬牙筋，独立方显精神。勤砥砺，探索能知堂奥。
似离离野草，郁郁堤杨，历尽风霜更缭娆。
问伯乐伊谁，冷凳萧斋，须耐得，几多纷扰。
却直入南溟觅龙泉，壮志作燃犀，浩天光耀。

吕烈
2016 年 1 月 4 日

1. 少年立志　命途多舛

在广东省汕尾市区风光秀丽的品清湖畔，有三座独立的小山丘，一为屿仔小岛；二为隔一港湾的鼎盖山；三为以此相连的小山头凤山，山脚下就是凤山妈祖庙。杨家大院"送合围"始建于民国十三年(1924 年),占地面积约 2 200 平方米,四周有高高的围墙,大宅门里边分布着 6 栋四合院,大小 53 间房屋,整体布局属潮汕地区民间建筑风格中的“三街六巷”格式。杨家的民居周边,还有天主堂、文亭学校(前身为凤山书院)、佛祖庙、城隍庙、三山国王庙等。旧时沿海地区封建迷信盛行,“泛神论”使儒教、佛教、道教、神教、天主教等各种民间信仰互相兼容,形成了独特的民风民俗。

抗日时期,日本军队侵占汕尾,占用了凤山祖庙旁边的民居杨家大院作为驻地。日本军队驻扎后,杨家族人被赶出来,四处流离失所,至 1945 年 8 月 15 日日军投降,族人们才陆续回到祖屋居住,日子慢慢安定下来了。第二年,在解放战争隆隆的炮声中,1946 年的农历八月十八日,一个小生命出生了,他就是我——取名杨必成,寓意“建国必成”。我出生于一个贫穷的知识分子家庭,双亲是中小学教师,曾参加过共产党领导的抗日及解放战争。我从小就受到良好的家庭教育,在同胞兄弟姐妹 11 人中,我排行第 5。1957 年秋,我的大哥杨必胜考上了北京大学,小城镇里培养出高材生,全家高兴极了! 从那时起,童年的我就萌生了以大哥为榜样,努力学习基础知识,长大后考上北京大学当数学家的梦想。父母也时时鼓励我:“文科必胜,理科必成。”然而,“立志易、践志难”!命运之神时常捉弄人,在我奋蹄扬鞭、努力拼搏,开启追梦数学之旅时,迎接我的却是多舛的命运。这使我在经历了一个甲子的坎坷奋进后才摘星圆梦——成为一名数学家。

1958 年秋,刚满 12 岁的我考上汕尾中学读初中。当时,在北京大学中文系读书的大哥,给我寄来了一套数学家华罗庚组织编写的数学科普读物(12 本)。我如获至宝,手不释卷、细心阅读、品味并掌握其中的数学知识及思想方法要领。这些课外读物开启了我的心智,拓宽了我的视野。特别是描写科学家们“知识改变命运”的心路历程，更使我入迷，像“熊庆来慧眼识罗庚”的故事，读后使我入痴。有一本题名《不等式》的科普小册子，更吸引我细心阅读，我竟把里面的习题都做完了。慢慢地，随着学习时间的推移，少年的我喜欢上数学这门学科。读初中时，虽然家庭经济条件不太好（父亲于1959年审干运动时因历史问题被错误开除出队，直到1982年才平反获离休待遇），但我还是对未来充满信心，勤奋学习以打好各学科的知识基础。

1961年秋初中毕业参加中考时，我虽成绩优异，却受家庭影响未能录取上高中。无奈，15岁的我便过早地进入社会——到农地拾番薯脚、上山砍柴割草、下海捞取贝壳，后到凤山区一间小学当勤杂工，以帮助人口多的家庭维持三餐温饱，苦度经济难关。不久，形势变好，当地政府照顾安排我父亲当了民办小学教师，家庭有了新的经济来源。此时，“望子成龙”，坚信孩子“理科必成”的父亲，便催促我报名参加了中考。于1963年秋，我终于如愿以偿，入读汕尾中学高中。

时不我待！我十分珍惜这来之不易的学习机会，如饥似渴地拼命读书，坚持课前预习、课后复习并勤做数学习题的方法；我还与班里的学习尖子吕烈结友，到他家一起晚自修，以期互相促进提高；毕业前，我们还做完了苏联出版的数学高考题库：《试题汇集》（中译本）。然而，正当我们青春的激情燃放，准备着数天后的高考时，却遭遇了“文化大革命”，幼稚的心灵屡遭折磨；1967年8月，我的脑袋被棍棒打伤，患上了脑震荡后遗症！于1968年12月，22岁的我随父母一起，不情愿地到海丰县公平公社平龙大队径仔背村插队落户，在广阔天地里“接受再教育”，当一名辛勤劳作的农夫。当时，我属应届高中毕业生，按政策仍享受着“知青”待遇。

下乡期间，由于家庭背景等因素，我受尽歧视：想办手续转点到外地插队不行；想当乡村民师未获批准。后进学习班、入收容所，身心及个人尊严屡遭损害！1971 年夏，在野外劳动期间，我不幸遭雷电击伤（同行 3 人中一死两伤），知青叶文海把昏迷不醒的我送到县城医院，住了半个月出院，后落下重度头痛症。面对天灾人祸袭来，我牢记“逆境，可以将一个人彻底毁灭，也可以使一个人从浑浊、昏庸、卑微中历练得更加精明、高贵和强大”的格言，以一种不屈不挠的青年气概，抗争命运。漫长的劳作之余，脑痛过后，农家茅屋，煤油灯下，我竟钻研起枯燥乏味的“天书”——《高等数学》（一本苏联译著）。在那“知识无用论”充斥的年代里，人们嘲笑我：都落难到如此“日愁三餐、夜愁一宿”的地步了，还学习这些没意义的“屠龙”本领干什么？可我却不以为然，因为，我心灵的港湾就在那数学迷宫里，映入眼帘的，只有那些跳跃着的数学符号及微积分思辨，才能麻痹我头脑中的疼痛，只有推算着抽象的数学难题，才能冲淡我那无尽的烦恼与失意。这促使我“困于心、恒于虑、而后作”，积极地面对惨淡的人生！就这样，我“一条道走到黑”似的把《高等数学》这块硬骨头啃下来了，还博览群书，刻苦自学了古今中外各种文化知识。当时，下乡落难同住一起的父母鼓励我，要看好国家未来，努力学习数学知识，将来当一名中学数学老师，为国家服务；我四弟知青杨建成奋力帮我挑起家庭 8 口人的生活重担，使我辛勤务农而不至于劳累过度；我的高中同学，下乡在一起的同窗好友李卓杰（现为汕尾知名老中医），还私下夸我“大智若愚，日后必有出息”，使满怀失意的我乐观面对未来，刻苦度过艰难的时光。

1975 年初，我母亲终于平反复职，回城办理了退休手续。1975 年 12 月，下乡 7 年的我终于被分配回城，在汕尾凤山区第二小学当了一名城镇民办教师（月薪 24 元），后转凤山中学任教，开始教起中小学生的数学及科学文化知识。这段时期，虽家庭经济还较为拮据，父亲尚未正式平反，但我觉得生活还是有盼头的！

终于，寒冬过去了，盼来了神州改革开放的春天！1977年秋全国恢复高考，我——一个年过“而立”的单身汉，以数学满分的成绩（必答题及附加题各得100分），像“范进中举”似的考上了华南师范学院数学本科。高考录取前的“政审”时，我还险些因父亲档案找不到而录取不了，后总算在汕尾镇党委的关怀下过了关。算起来，从1958年秋入读汕尾中学初中到1978年春跨进师范学院校门，我竟做了20年的求学梦，而在正常的情况下，6年就够了！临行前，海丰老革命同志林卓光老师赠送我100元当入学盘缠；母校汕尾中学翁域老校长提笔深情勉励我：

胸怀祖国，志为人民。攻城夺锦，战绩日新。

知青老同学吕通的父亲吕嘉老先生赋《送杨必成君上大学》一首七律诗赠我：

欣逢大治起英雄，物应其时各奏功。
勋业待人才干备，高飞凭鸟羽毛丰。
韶华易逝行应惜，科学难能关可攻。
心要虚兮身要健，尖端有志自登峰。

2. 治学之路 上下求索

大学才是个人聪明才智得以充分发展的新天地，它使经历过“文化大革命”洗礼的莘莘学子重拾旧梦，锐意进取！一进师院校门，我就起早贪黑，拼着命往书中钻，头脑中只装着四个字：“珍惜”——珍惜这来之不易的学习机会；“饥渴”——如饥似渴地学习数学及各学科知识。老师们也一样，歇了十多年的老教授，何尝不是迫不及待地为幸运的学子们传道授业解惑！“久旱逢甘霖”，我不由得萌生了一种天宽地广、手足自由的感觉。特别是在第一次全国科学大会期间（1979 年 4 月），报纸上刊登了作家徐迟描写数学家陈景润治学精神的报告文学《哥德巴赫猜想》，此情此景更增添了我钻研数学的热情与信心。

平时，除三餐和定期的运动外，我把余下的时间都扑在听课及做大量练习上。当时华南师范学院数学系设有 2 个“师资班”。办师资班的目的，就是培养、选拔一批品学兼优的毕业生向本省各高校输送后备人才。师资班的任课教师都是系里特别指派的佼佼者，实力雄厚，平时考试也是单独命题。入学不久，我就因成绩优异而荣幸地被选进了师资班，还被选上了学习委员。可以说，在师资班的学习夯实了我的数学基础，提增了我探索数学奥秘的决心。这一期间，由于“微积分”已在下乡时自学过了，我便把主要精力放在听课及做《数学分析习题集》（吉米多维奇著，苏联）的 4 000 多道习题上，意在提升自己对数学基础理论及思想方法的理解。我还利用课余时间阅读与数学史、数学方法论有关的书籍，了解数学文化，并学会了用整理笔记的方式归纳、反思所学的数学理论知识，课余时常与好友王根强等交流学习体会，感觉收效还是挺大的。

令人遗憾的是，我患过脑炎，头部曾遭棍棒打过，下乡时又遭雷电击伤，落下了脑震荡后遗症。上课读书期间，脑病时时发作，似有万千蚂蚁啃骨头那样在咬戳、锥心入骨，令人痛苦万分；且头疼起来就失眠，导致头昏脑涨，影响学习情绪。真没想到在这求学的黄金时期，“旧痛”会给我带来新的打击！但我觉得，比起在下乡时期那种身心、尊严屡受创伤的情况，这点肉体伤痛实在算不了什么！我不怨天、不尤人，以一种执拗的劲头，顽强地跟自己的脑病做斗争，支撑着争分夺秒发奋苦读，努力消化吸收所学知识。平时除应付日常的学习考试外，我还专攻实分析数学难题，并做了大量学习笔记，恰似“夸父逐日”般，拼着命学习、做题，乐此不疲！

大学毕业前夕，1981 年，年届 35 岁的我终于结了婚。其时，由于年龄偏大了，我未能考取数学硕士研究生。按某权威说法，年届三十多岁的人了，已失去了继续深造成才的最佳时机。眼看走“经院派”的道路研究数学已行不通，我被分配到广东教育学院（现为广东第二师范学院）数学系函数论教研室任助教。此后，我一面认真教书育人，一面辛勤地耕耘着自己的一亩三分“自留地”，寻觅合适自己的数学研究课题，耐心地摸索通往数学王国的崎岖道路。

然而，在短短四年的大学生涯中，我仅读了纯粹数学及应用数学的基础知识，要进入环环相扣的数学迷宫，谈何容易！有多少次，我因不堪忍受脑伤的折磨、头痛失眠的打击，而产生了何必与命运过意不去，“人到中年万事休”的念头。可冥冥之中，青年时期坎坷失落的情景一幕幕地显现在我眼前；年老的双亲那殷切期待的眼神总在我脑中萦绕；为梦想绝不言弃的誓言又时时激励着我的斗志，这让我进入了一种崭新的精神境界，促使我摒弃杂念，争分夺秒、博采诸家、攻关克难，以辛勤治学的态度充实自己的数学文化知识。

1984 年秋，我考上了华南师范大学“助教进修班”，脱产进修基础数学硕士生课程。在短短的一年半时间里，我起早贪黑、集中精力修读了 6 门近代数学课程及英语课程，还旁听了 3 门拓扑学硕士生课程，并以优异成绩结业，这为我今后的数学研究打下了扎实的理论知识基础。

1986 年助教班结业时，我已进入“不惑”之年，开始思考与分析有关的数学研究课题，在华南师范大学老师的指导、帮助下，我写下第一篇数学论文，内容是关于拓扑学的，发表在《高师数学教学研究》杂志上，这无疑对我是一个极大的鼓舞，由此开始了我的数学探索生涯！就在这一年，中国数学会加入了国际数学家联合会，为中国数学走出国门与世界接轨打开了通道。

回到学院投入教学工作之余，我花了近二年时间，演算了“助教进修班”中未做完的《泛函分析》习题，且自学了《线性拓扑空间》一书，间或研读《数学史数学方法论》，并写成讲义，为本科生上选修课，有意识地寻找科研突破口。在教数学史时，我常为中外数学家们那种为追求数学真理而献身的精神所感动；也认识到，数学这门学科就像接力跑，前人所创造的成果，由后人所学习及继承应用，每一代人都是在前人构建的理论方法基础上添砖加瓦，继续传承下去。

由于科研经验积累不够，加上下乡时遗留下的头痛失眠症时时困扰，使我没有足够的精力阅读消化大量数学文献知识并理解其精髓，加上还没有碰到适合于自己知识能力的数学研究课题，只能“打一枪换一个地方”，科研难以深入开展下去，这使我十分苦恼，每年苦挨着发表一篇论文，算是交差。看到当时在韩山师范学院当教师的大学及助教班同窗好友王根强已在权威刊物发表若干数学论文，我十分着急！1992 年，申请入党长达十年的我终于如愿以偿；1993 年底，47 岁的我被评上了副教授。这段时期，虽然周围的环境也不乏困惑，脑伤病痛不时折磨着我，但我一直坚信春暖花开那一刻的到来，以往的生活经历让我深深认识到，人最怕的就是迷失了前进的方向，在生活的道路上丧失信心而白白消磨了宝贵的时间。我默默地寻觅合适自己的研究课题，积极而有准备地等待机遇的到来。

在这一艰难摸索课题的追梦路上，有一良师——吕以辇教授陪伴着我走出了关键一步。吕以辇是我父亲在海丰一中教高中时的学生，他于1956年考上了北京大学数学系，在我读大学时，他已任中国科学院数学研究所研究员（后任函数论教研室主任）。读上大学后，我在父亲的引荐下，与吕教授建立了通信联系。其间，我主动寄了自己做的一些“数学分析”习题给吕教授看，吕教授一一细心批改，并及时来信指明某些关键题的解法原理。当他了解到我想考硕士研究生后，就寄了多份数学所的考题让我当习题练习，我做后寄给吕教授，他立刻批阅并提出修改意见。这样一来一往，吕教授慢慢了解到我的解题及分析能力，经常来信鼓励我，使我受到莫大的鞭策及启发。有一次，吕教授来信告诫我，不能光顾做微积分习题，“做太多了也不一定有用”，必须深入了解实数的连续性理论，才能掌握好分析学的基本思想。于是，我刻意加强了对所学数学课理论内容的钻研理解，并做了大量的学习心得笔记。

1990—1995年，吕教授利用来中山大学当客座教授讲学的机会，面对面指导我开展可和性理论的改进及应用研究，并鼓励我脚踏实地地治学钻研，使我重拾自信。因中山大学离我家很近，我们来往见面很方便，这使吕教授对我的指导十分见效。这一时期，我对可和性理论及欧拉-麦克劳林求和公式的钻研理解更为深入透彻了。1994年，我试着用级数求和的估值理论解决一些与幂和有关的古典数学问题，在吕教授的耐心指导及推荐下，我首次在国内核心期刊《数学的实践与认识》（第4期）发表了关于该课题的研究论文，这使我大喜过望，搞好数学研究的信心倍增。不久，我在核心期刊发表了多篇关于可和性理论及其应用的论文，其中，《正实轴上的 Hurwitz-zeta 函数不等式》一文，建立了正实轴上黎曼

(Riemann)zeta 函数的精确化估值式,广受数学同行引用。然而,年长于我 10 岁的吕教授,却患了小脑萎缩症,于 1996 年英年早逝,这使我痛失良师益友,令人扼腕叹息!

1994 年春节后,命运之神开始眷顾我了!从 1966 年患脑膜炎算起,历时 28 年的脑伤病魔,在对我进行漫长的折磨之后,竟鬼使神差地消失了!受伤前良好的记忆力及充沛的精力也慢慢地恢复了,我不再失眠,也不再头痛了,过去昏昏僵僵的神志一扫而空。最初好几年,我习惯于早上四五点钟起床备课,钻研文献及书写论文(当时还没用电脑写作),并产生了强烈的科研冲动,试图探索更合适自己而有意义的数学研究课题。于是,我把家务活全交夫人打理,以便集中精力从事教学及科研。同时,我到学院及附近大学的图书馆、资料室查阅相关资料,寻找自己感兴趣的数学前沿论题。经过三个多月的耐心检索,我影印并阅读了 40 多篇过刊数学论文,终于把目光收拢到改进“希尔伯特不等式”的论题上。由此而来,我结缘于 100 年前的一位数学老人,被国际数学界称为“无冕数学之王”的德国数学家——大卫·希尔伯特,全身心地投入希尔伯特型不等式的理论探索及应用中去!

3. 闯关之旅　特立独行

关于希尔伯特不等式,其创立者大卫·希尔伯特(1862—1943,德国)是 20 世纪初最伟大的数学家之一,该不等式是他在一次演讲中提出来的。远在 1900 年的 8 月 8 日,希尔伯特在巴黎召开的“第二届国际数学家大会”上,做了题目为《数学问题》的历史性演讲,提出了 23 个有待解决的重大数学难题(如“黎曼猜想”“哥德巴赫猜想”等),揭开了 20 世纪数学发展的序幕。1908 年,伴随着实变函数论及泛函分析等分析学科的诞生,希尔伯特发表了以其名字命名的“希尔伯特不等式”。该不等式的奇特之处,在于将两个互不关联的实赋范空间,建立起一种抽象形态的线性算子联系,并以圆周率为最佳常数因子。可能是理论背景过于深刻的缘故,使得该不等式既耐人寻味,又诱人求解思索,却难悟得其思想要领。但是,正如希尔伯特在《数学问题》的讲演中所说的一样:“人类的每项事业都追求着确定的目标,而想要预先正确判断一个问题的价值是很困难的,并且常常是不可能的,因为最终的判断取决于科学从该问题得到的获益。”

1925 年,时任欧洲数学会主席的英国著名数学家哈代(Hardy,华罗庚留学剑桥大学时的老师)率先引入一对共轭指数,成功推广了希尔伯特不等式,并证明了常数因子的最佳性,史称“哈代-希尔伯特不等式”。1934 年,哈代等在数学名著《不等式》*Inequalities*中,整理了 100 多篇发表论文的研究成果,并归纳成一套关于-1 齐次核希尔伯特型不等式的一般化定理,创立了含一对共轭指数及-1 齐次核的哈代-希尔伯特型不等式理论,并考虑了它的若干门类表示形态及具体应用。在以后的漫长岁月里,随着近代分析学的蓬勃兴起及发展,以哈代-希尔伯特不等式为代表的希尔伯特型不等式及哈代型不等式也得到广泛的应用,但奇怪的是,《不等式》的基本思想及论证方法却无甚变化,其-1 齐次核的理论框架并没有得到改变或拓宽。不少数学家试图推广哈代的理论成果,均因方法不当而告失败。从 1935—1997 年 60 多年的光阴,竟成为希尔伯特型不等式理论研究的“空白期”。

“九州生气恃风雷!”1991 年,我国知名数学家徐利治教授用英文在国内核心期刊发表了 2 篇旨在改进希尔伯特不等式及哈代-希尔伯特不等式的研究论文,首倡用权函数方法以建立加强型二重级数不等式。徐还提出公开问题,征求加强不等式中内常数的最佳值。1994 年,脑伤初愈的我阅读了徐教授发表的论文,利用改进的欧拉-麦克劳林求和公式,解决了徐教授的第一个公开问题,求出了加强不等式中内常数的最佳值。然后,我把论文寄给当时在大连理工大学任数学研究所所长的徐教授。半个月后,徐教授来信了,他称赞我的分析技巧,并告诉我该结果已由湖南吉首的一所大学的高明哲老师首先得出并发表。我看信后对论文"撞车"深感懊丧,但亦对自己的科研能力增强了信心,毕竟一开始所写的该领域研究论文已上了"档次"。徐教授还介绍高明哲、匡继昌、胡克等教授与我认识,鼓励我们合作攻关。可以认为徐利治教授的这一开创性工作及权函数方法的创立吹响了改进及推广希尔伯特型不等式理论的集结号。

1997 年,我与高明哲合作,优化徐利治教授的权函数方法,圆满解决了徐利治教授的另一个公开问题,即当年权威期刊《数学进展》(第 4 期)发表的《关于 Hardy-Hilbert 不等式的一个最佳常数》一文的主要结果。该文利用解析数论的欧拉常数及巧用欧拉-麦克劳林求和公式,成功求出了这一加强不等式的最佳内常数由著名的欧拉常数所表示;更深刻的结果还刊载到 1998 年的 SCI 源刊《美国数学会会刊(PAMS)》上。然而,这类成果虽优美,但却没有逾越-1 齐次核哈代-希尔伯特型不等式的理论框架。

经历了多年的投稿退稿后,我发觉,仅靠个人埋头苦干搞科研是不行的,研究的过程需要最新的资讯、熟练的计算机能力及团队力量的协助攻关,这促使我改进以往研究方法,不骄不躁、不断努力、摸索前进。上述工作可认为是希尔伯特型不等式理论研究的预备阶段,它为下面"起—承—转—合—用"五个阶段的攻关研究埋下了浓重伏笔。

第一阶段(1998—2003 年):起——引入独立参数。

1998 年,我的论文首次发表在美国 SCI 期刊《数学分析及应用杂志(JMAA)》上,该文在不等式核中引入独立参数,成功推广希尔伯特积分不等式。我通过巧妙配方,用改进的徐利治权函数方法及用贝塔(Beta)函数表示最佳常数因子,创造性地把对-1 齐次核希尔伯特型不等式的研究提升到对一般负数齐次核的相关不等式的研究,从而拓宽了研究思路,开启了对希尔伯特型不等式的全方位、多角度探索。论文发表后,美国《数学评论(MR)》及欧洲《数学文摘(ZM)》均对此做了及时、详细且中肯的评论。由此而来,吸引了不少研究者的引用及关注,并导致不少引入独立参数的最佳推广成果发表,因此得到大量的含独立参数的创新不等式。这样一来,我的独立参数思想联系上贝塔函数的论文陆续在 SCI 期刊上登载,终于取得了可喜的科研突破。同年,由于科研业绩突出,我顺利地被评为数学教授,并被吸收为美国数学会会员。

1999—2003 年,《数学学报》及国外一些权威刊物陆续发表了我的研究论文,我的独立参数思想很快得到国内外数学界的认可。我从连续到离散,从二重到多重,从低维到高维,建立了一系列引入独立参数的等价不等式。2003 年,我与希腊数学家 Rassias 教授合作,在 SCI 期刊《数学不等式及应用(MIA)》上发表了长达 34 页的综述论文,对百年来特别是近十多年来关于希尔伯特型不等式的引入独立参数的研究成果及思想方法做了系统小结。此后,国外如克罗地亚等国家相继建立起希尔伯特型不等式研究团队,联合攻关,发表该领域的研究论文。

从 1999 年开始,我的好友、诗人吕烈开始赠诗予我,鼓励我努力进取。直至 2023 年因病逝世,短短 25 年,他已写了 48 首诗词赠予我,使我深受感动。2000 年,在 2000 年国际不等式大会(匈牙利)上,我被遴选为大会学术委员会委员;2002 年 10 月,我应邀参加了北京的第二十四届国际数学家大会，并做了15分钟发言；其间，我有幸聆听国际著名华裔数学家陈省身院士的谆谆教诲，并与之合影留念；我还与好友高明哲教授一起拜访了对我影响极大的知名数学家徐利治教授，82岁高龄的徐教授告诫我们："在数学上或是在任何科学领域，要想靠缺乏血汗成分的才智去获取巨大成功是不可能的。"回广州后，我在自己的科研主页挂上座右铭：

志存高远，脚踏实地，勤勉治学，执于探微。

这一阶段，我的发表论文中有14篇被SCI收录。

第二阶段（2004—2006年）：承——形成参量化数学思想方法。

2004年春，偶然的机会，我发现引入一对共轭指数辅以独立参数的希尔伯特不等式的最佳推广式的表示并不唯一，出现了哈代-希尔伯特不等式的对偶形式，我把研究论文投寄到SCI期刊《匈牙利数学学报（AMH）》上并及时得以发表。年底，经过反复研究探索，我优化权函数的方法，引入两对共轭指数，配合独立参数，经巧妙、合理配方，终于科学表示了推广的哈代-希尔伯特积分不等式，彻底解决了最佳推广式的唯一性科学表示问题，论文发表在《澳大利亚数学分析及应用杂志（AJMAA）》上。2005年，我应用准备阶段时期关于建立加强型不等式的权函数方法及参量化思想，构造了逆向的希尔伯特型不等式，由此开辟了希尔伯特型不等式的新研究路径。所谓参量化方法，是指在希尔伯特型不等式的核中引入独立参数，辅以两对共轭指数，通过合理配方，构建具有最佳常数因子的希尔伯特型不等式及其逆式，并考虑其若干基本应用。

2005年，《汕尾日报》首次报道了我的科研事迹。同年，吕烈在该报发表了描述我科研历程的乐府长诗《逐浪行》，鞭策我“逐浪起征程”！不久，汕尾市一所新建高校拟聘请我当学院院长，被我婉言推辞了。“老骥伏枥，志在千里”，年近古稀的我，已感到老之将至，不能再分心做其他与数学研究无关的事了。这一阶段，我的发表论文中有 17 篇被 SCI 收录。

第三阶段（2007—2015 年）：转——新不等式的抽象化、系统化刻画。

2006 年底，受英国数学家 K. W. Zhang 用算子理论改进希尔伯特不等式的论文启发，我用算子范数表示希尔伯特型不等式的最佳常数因子，在一般的双线性核上讨论了希尔伯特型算子的范数性质及在刻画等价不等式方面的应用。计有包括《数学分析及应用杂志（JMAA）》及《数学学报（英）》在内的近 8 家 SCI 期刊发表了我在这方面的研究论文。2007 年，我发表了一个实数齐次核的希尔伯特型不等式，该文说明，并不是所有希尔伯特型不等式的核都是负数齐次的，确实存在非负数齐次核的希尔伯特型不等式，这为开拓希尔伯特型不等式的理论研究做了准备。“功夫不负有心人”，我终于在算子理论与希尔伯特型不等式的范数刻画这一领域推广及改进了哈代等人发表的工作，取得了多项国际领先的研究成果。

2008 年 7 月，我远涉重洋，应邀在第五届非线性分析国际会议（美国）做 45 分钟发言，系统总结参量化思想与抽象化算子刻画在希尔伯特型不等式理论的应用。此举结交了不少国际同行，开阔了我的研究视野。这一攻坚阶段的研究特色是：用一类线性有界算子刻画一般实数齐次核希尔伯特型不等式的等价形态，并把希尔伯特型不等式的不同分类从原来的 5 种拓宽到 12 种。2009 年 5 月，我在国内权威期刊《数学进展》发表了《参量化希尔伯特型不等式研究综述》一文,以纪念希尔伯特不等式诞生 100 周年。

2007 年 8 月,我离开工作了 8 年的系主任岗位,开始潜心整理多年的发表成果,总结希尔伯特型不等式及其算子刻画的一般化思想方法。有了前面抽象化、系统化的研究工作积累,我开始著书立说,建立系统的希尔伯特型不等式理论。2009 年 1 月,科学出版社出版了我长达 47 万字的理论专著《算子范数与 Hilbert 型不等式》,该书论述负数齐次核希尔伯特型不等式及其多方面应用;2009 年底,总部设在阿联酋的国际科学出版社(Bentham Science Publishers Ltd.)出版了我的英文数学专著 *Hilbert-Type Integral Inequalities*(《希尔伯特型积分不等式》),该书论述实数齐次核希尔伯特型积分不等式及其算子刻画;2011 年,同一出版社出版了我的第三本专著 *Discrete Hilbert-Type Inequalities*(《离散的希尔伯特型不等式》),该书论述实数齐次核离散希尔伯特型不等式及其算子刻画。上述三本书,均是以权函数方法、参量化思想及算子理论为主要工具,从不同侧面、不同角度论述希尔伯特型不等式及算子刻画的理论专著。此后,2012—2014 年,我还在德国出版了 2 本半离散不等式理论专著及在新加坡出版了一本系统论述半离散希尔伯特型不等式及算子刻画的数学专著。

2014 年 11 月,年过 68 岁的我在学院办了退休手续。之前,省内某民办高校拟高薪聘请我去当系主任,也被我回绝了——还是老话:我想在有生之年专注于未竟的希尔伯特型不等式研究事业。这一时期,短短 8 年,我出版了 6 本不等式专著及发表论文被 SCI 收录达 60 多篇。

第四阶段(2016—2020 年):合——多参量联系最佳常数因子的等价陈述。

2016—2017 年,我在学院的讨论班数学同仁洪勇教授发表了

2篇论文,讨论离散与积分不等式中最佳常数因子联系多参数的等价条件。我阅后倍感兴奋,随即与洪教授联系,邀他到学院讨论班做报告,探讨多门类希尔伯特型不等式及逆式中最佳常数因子联系多参数的等价陈述的一般化思想方法。由此而来,我们联合发表了多篇论文,使新不等式的构建中参量配置达到完备化程度。前4个时期的研究形成了“起—承—转—合”的古典“八股文”描述形态。

2018—2020年,我在哈尔滨工业大学出版社出版了2本中文专著;2019年,我的第9部数学专著 *On Hilbert-Type and Hardy-Type Integral Inequalities and Applications*(《论希尔伯特型和哈代型积分不等式及其应用》)在全球最高规格的斯普林格出版社出版。我的数学论文和专著引起了国际数学界及美国数学界的关注。2020年,美国科学研究出版社邀请我出版了2部数学理论专著。“杨-希尔伯特不等式”理论(《科技日报》2013年9月18日语)终于创立,它证明中国人在科技理论系统的建立方面是大有作为的。这一时期,我总计出版了5本数学专著及发表论文被SCI收录达74篇。这些数学论著,从不同角度、分不同种类论述含2对共轭指数及实数齐次核杨-希尔伯特型不等式的理论性态、算子刻画及特例应用,还考虑了其等价陈述;特别在黎曼(zeta)函数的应用上,我们构建了若干新不等式,使其最佳常数因子为黎曼(zeta)函数所表示。这些新的思想内容覆盖了近百年来的国际理论研究成果,填补了该领域60多年来的理论空白,大大拓展了经典的、含一对共轭指数及-1齐次核哈代-希尔伯特型不等式的理论方法及多门类刻画应用。

第五阶段(2021年至今):用——建立拓展型哈代-希尔伯特不等式。

2021 年至今，应用蒙古数学家 2019 年建立的指数函数联系部分和的表示公式，我引入阿贝尔（Abel）公式及欧拉-麦克劳林求和公式，带领团队成员发表研究论文，求出离散型哈代-希尔伯特不等式的联系部分和的新型拓展性不等式。不久，联系多重可变上限积分及高阶导函数的半离散及积分的新型不等式及逆式也陆续求出来了。我们还解决了引入参量后的配方、论证新不等式中常数因子最佳性及多参量联系最佳常数因子的等价描述等理论难题，在多门类哈代-希尔伯特不等式的拓展应用上，我带领科研团队取得可喜的新突破，多数论文成果进入了数学研究前沿。

2023 年，国际权威数学期刊 *Axioms*（《公理》）第 13 卷第 7 期封面刊载了我的发表论文题目及主要创新成果；马来西亚乌塔拉大学（University of Utara Malaysia）学术委员会发来聘书，聘请我当博士生导师，指导 2 名博士生探索数学不等式的拓展应用课题。这一时期，我在美国科学研究出版社、新加坡世界科学技术出版社及哈尔滨工业大学出版社等出版专著 5 部，发表论文被 SCI 收录达 45 篇之多。2023 年 7 月，我们团队在学院成功组织了“第十届全国不等式年会”。这期间，我及我的一名博士生做了大会发言，宣讲希尔伯特型不等式的最新应用研究成果。

2024 年后，年届 78 岁的我把主要时间及精力转移到书写数学专著上面，减少了论文发表量，着眼于整理多年来的发表成果及本课题的应用研究思想。现已书写出 5 部多门类希尔伯特型不等式拓展性应用专著，并陆续在斯普林格出版社及哈尔滨工业大学出版社等出版。

4. 树蕙培兰　桃李芬芳

1999 年底—2007 年，通过竞争上岗，我担任了学院数学系主任。我坚持教研与管理“双肩挑”的做法,既拼搏在教学、管理的第一线,又种好科研“自留地”,继续开展本课题不等式研究。这期间,我被选为学院党委委员,还成功主持过3次中学数学骨干教师国家级培训,落实国家课程改革的精神措施。2006年至今,我任学院“应用数学研究所”所长,还兼任多个国际杂志的编委及美国《数学评论》、德国《数学文摘》评论员。我现任全国不等式研究会顾问(2009—2013年任理事长),中山大学国家数字家庭工程技术研究中心及桂林电子科技大学兼职教授。2024年至今,著名的美国SCI期刊*Mathematics*(《数学》)聘请我为编委,主管《分析及应用》栏目。

2005年7月,我在学院成功主持了第三届全国不等式学术年会,参会的有包括胡克、匡继昌、高明哲、石焕南教授在内的来自全国各地的80多名不等式专家学者,阵容鼎盛,提供大会发言的论文30多篇,大大促进了国内不等式学术交流。2007年底,在离开系主任领导岗位之际,我被广东省教育工会授予“广东省师德先进个人”荣誉称号。在“双肩挑”这段时期,我努力克服因工作繁忙、精神压力过大而带来的疾病困扰及身心疲劳,坚持锻炼身体,继续保持科研不间断的势头。2023年7月,我带领团队又成功主持了第十届全国不等式学术年会。

2004年至今,我发起并主持了一个“解析不等式讨论班”。参加讨论班的学员多为来自全省各高校教师,使用我的《发表论文集》(已编印了34册)及专著作为主要学习材料。我身体力行,在讨论班宣讲最新发表成果,还经常请有关专家到讨论班做学术讲座。早期平均二三周上一个午课,指导讨论班学员学习本课题新的不等式理论研究方法,还辅导学员写作研究论文,申报各类研究课题。经过20多年的努力,业已培养了近10名教授及副教授,且多数学员的发表论文被 SCI 收录。我还参与承担了国家自然科学基金项目课题 3 项及多项省级科研项目。此一举措，获学院 2013 年优秀科研成果一等奖，并入编《中华人民共和国年鉴》(2013)。2017 年 6 月，我领导的应用数学研究所荣获国家有关部门颁发的“十年楷模　管理典范”奖牌及证书。

我曾连续 13 次获学院“科研贡献奖”证书及奖金(2003—2015 年)；据中国科技情报出版社出版的《2009 年版中国期刊高被引指数》一书记载：2003—2007 年发表论文于 2008 年引用频次，全国数学类前 20 名排名，杨必成名列第二；2010 年，“美国国际传记中心”编辑出版了《21 世纪的伟大创意》(中译名)一书，记述了我的数学研究业绩，并授予我“2010 年度世界风云人物”纪念金牌；我曾获“全国优秀教育工作者”及“人民功臣 祖国的骄傲”等荣誉；论文曾获全国优秀学术成果一等奖，“华夏杯”优秀学术论文一等奖，创新教育科研成果一等奖，第十二届中国科学家论坛优秀论文二等奖，第十二届中国教育家大会优秀论文二等奖；2014 年，我被家乡有关机构评为“汕尾当代名人”，科研事迹挂上汕尾市民网；2021 年 9 月 18 日，我应邀参加了在北京会议中心举行的第十九届中国科学家(国际)论坛，荣获大会颁发“‘十四五’科技强国创新驱动领军人物”证书及奖牌。

自 2005 年以来，国务院、科技部、教育部、中国科学院、中国新闻社、汕尾市等下属 200 多家杂志、报刊、网站及电视媒体，热情报道了我的创新精神与科研业绩。2021 年 10 月 19 日，《我是科学人》栏目视频《杨必成：执于探微，不负数学一生》在《学习强国》网站发布；2022 年及 2024 年，我两次入选美国斯坦福大学与著名爱思唯尔(Elsevier)出版社联合出版的“全球前 2% 顶尖科学家”的“终身科学影响力”及“年度科学影响力”排行榜榜单；2023 年 12

月20日,我荣幸地被选为英国皇家学会工艺院终身院士(RSA);2024年9月,中央电视台《见证非凡》栏目在“央视频”热情报道了对我的科研专访:《杨必成和他的数学人生》。

结语 回顾我这一生的数学追梦旅程,虽是一路风雨,却也是一路高歌! 在科研道路上,我乘着改革开放的春风,努力进取;始终秉持自由品格与独立胸襟,过关斩将,逢凶化吉;面对名利诱惑及困难逆境,我不言放弃、不懈努力、执着探索、克服困难、埋头苦研,这就是我克敌制胜的法宝。如今,“老骥伏枥,志在千里,烈士暮年,壮心不已”,老当益壮的我正带领不等式科研团队,继续闯关奋进、逐梦前行,以完善及深化三十年来亲手创立的杨-希尔伯特型不等式理论,并拓展其多门类应用。

附录　杨必成教授个人简历

杨必成，男，1946 年 8 月出生于广东省汕尾市城区，1966 年 6 月高中毕业于汕尾中学。1968 年 12 月下乡到海丰县公平公社平龙大队径仔背村当知青，1975 年 12 月分配回城，在汕尾凤山区第二小学及凤山中学当民办教师。1977 年底以数学满分（200 分）的高考成绩入读华南师范学院数学系本科。1982 年 1 月大学毕业，获理学学士学位，后分配到广东教育学院数学系（现为广东第二师范学院数学学院）任助教。1984 年，考入华南师范大学助教进修班，脱产一年半学习基础数学硕士生 6 门课程及英语，并获结业。

他长期从事函数论的教学与研究，1998 年被评为数学教授，曾任广东教育学院数学系主任（1999—2007 年）兼任学院党委委员，全国不等式研究会理事长（2009—2013 年）。现任广东第二师范学院应用数学研究所所长，兼任全国不等式研究会顾问，中山大学国家数字家庭工程技术研究中心及桂林电子科技大学兼职教授，马来西亚乌塔拉大学博士生导师。2024 年至今，他任美国 SCI 期刊 *Mathematics*（《数学》）编委，曾任多家国际数学杂志编委及美国《数学评论》、德国《数学文摘》评论员。多年来，他参与承担了 3 项国家自然科学基金项目，1 项广东省教育厅重点基金项目，及 2 项广东省高校自然科学基金项目并已顺利结题。

他于 1986 年开始发表数学论文，至今近 40 年，一直从事可和性、算子理论与解析不等式理论的基础应用研究。1998 年，他在国际 SCI 数学期刊《数学分析及应用(JMAA)》发表论文，引入独立参量，推广希尔伯特积分不等式；2004 年，他引入两对共轭指数辅以独立参数，首倡参量化数学思想方法，建立推广的哈代-希尔伯特型不等式及其算子刻画理论，即杨-希尔伯特不等式理论，解决了哈代-希尔伯特型不等式理论的推广难题，填补了该领域 60 多年(1935—1997 年)的理论空白；2016 年至今，他与团队成员一起努力，建立起 12 个门类希尔伯特型不等式最佳常数因子联系多参数的等价陈述，从而完善了杨-希尔伯特不等式理论体系。应用上，他创建了大量希尔伯特型不等式，使其最佳常数因子联系上著名的黎曼 zeta 函数；他还应用改进的欧拉-麦克劳林求和公式，建立新型的联系部分和的哈代-希尔伯特不等式，并拓展到创建联系多重可变上限积分及高阶导函数的半离散及积分型不等式中去。

杨必成业已在国内外数学期刊发表论文 600 余篇(其中 220 篇被 SCI 收录，18 篇刊登在《数学学报》《数学年刊》《数学进展》等中文权威期刊上)，并在国内科学出版社及国外斯普林格出版社等出版专著 17 部。此外，他还参编斯普林格出版社出版专著 18 部(含 22 章理论内容)。

2002 年，杨必成应邀参加 2002 年国际数学家大会(北京)，获 15 分钟分组发言；2008 年，他应邀参加第五届非线性分析国际会议(美国)，获 45 分钟发言。他曾连续 13 次获广东第二师范学院科研贡献奖(2003—2015 年)；据《2009 年版中国期刊高被引指数》一书记载：2003—2007 年发表论文于 2008 年引用频次，全国数学类前 20 名排名，杨必成名列第二；2007 年底，他被广东省教育工会授予“广东省师德先进个人”荣誉称号；2010 年，美国国际传记中心授予他“2010 年度世界风云人物”纪念金牌；2014 年底，他荣获“科学中国人(2014)年度人物”奖; 2014 年 11 月退休前后,他的科研事迹 2 次入编《中华人民共和国年鉴》(2013,2018 年卷)。

2015 年,他获“2015 年度中国科技创新突出贡献人物”奖,及“2015 年度中国教育创新创业领军人物”奖; 2016 年,他的科研事迹入编新版《世界名人录(第三卷)》;2016 年 3 月,他获英国剑桥国际传记中心颁发的“Most Influential Scientists of 2016”“2016 年度最具影响力科学家”银质奖盘;2017 年 2 月,他获英国剑桥国际传记中心颁发的“Leading Scientists of the World- 2017”“2017 年度世界顶尖科学家”荣誉证书;2019 年,他获“建国 70 周年中国科技创新杰出人物”证书;2021 年,杨必成被第十九届中国科学家论坛组委会授予“‘十四五’”科技强国创新驱动领军人物”荣誉奖牌;2021 年 10 月,科技部《我是科学人》栏目组,录制了介绍杨必成的采访视频《杨必成:执于探微,不负数学一生》,并在《学习强国》等网站发布;2023 年,杨必成获第二十一届中国科学家论坛颁发“科技中国创新时代先锋人物”证书及奖牌;同年,他获中国影响力协会颁发“五一行业先锋”证书及奖章。

杨必成 2 次入册于 2022 年、2024 年发布的斯坦福大学与爱思唯尔出版社联合出版的“全球前 2% 顶尖科学家”的“终身科学影响力”及“年度科学影响力”排行榜榜单;国际权威数学期刊 *Axioms*(《公理》)2023 年第 13 卷第 7 期封面刊载了他的发表论题及主要创新成果;2023 年 12 月 20 日,杨必成入选英国皇家学会工艺院终身院士(RSA,编号:8288620)。2024 年 9 月,中央电视台《见证非凡》栏目在“央视频”报道了对他的科研专访:《杨必成和他的数学人生》;2025 年 6 月 30 日获广东第二师范学院“优秀共产党员”荣誉证书。

2005 年至今,《人民日报》、《科技日报》、《祖国》、《汕尾日报》、汕尾电视台、中央电视台及中国科技网等 200 多家报纸、杂志、电视台、网站等媒体陆续报道了他的科研业绩。

最近,据“论论 APP 平台机构版”公布,杨必成科研业绩测评如下(仅供参考):(1)被引指数 2 128;(2) H 指数全球排名前 1%;(3)论文被引数全国排名前 1%;(4)论文已被 300+学者引用过;(5)数学领域 H 指数全国排名前 1%;(6)数学领域论文数全球排名前 1%;(7)工程学领域 H 指数全国排名前 1%;(8)计算机科学领域论文被引数全国排名前 1%。